全国餐饮职业教育教学指导委员会重点课题"基于烹饪专业人才培养目标的中高职课程体系与教材开发研究"成果系列教材
餐饮职业教育创新技能型人才培养新形态一体化系列教材

总主编 ◎ 杨铭铎

冷拼与盘饰技艺

主　编　谢　欣　孙录国　丁德龙
副主编　姜大伟　何艳军　范　涛　赵建红
编　者（按姓氏笔画排序）
　　　　丁德龙　王　亮　刘学贤　孙录国
　　　　何艳军　范　涛　周孜蓓　练勋慧
　　　　赵建红　姜大伟　谢　欣

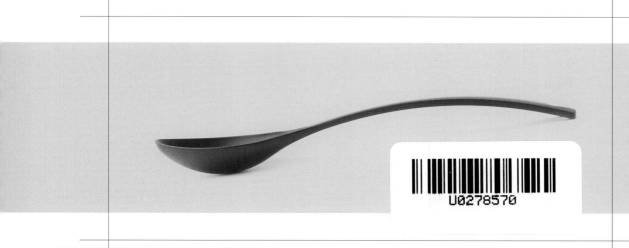

华中科技大学出版社
http://www.hustp.com
中国·武汉

内 容 简 介

　　本书是全国餐饮职业教育教学指导委员会重点课题"基于烹饪专业人才培养目标的中高职课程体系与教材开发研究"成果系列教材、餐饮职业教育创新技能型人才培养新形态一体化系列教材。

　　本书分为冷菜烹调工艺、冷拼制作和盘饰制作三个学习任务,内容包括拌炝工艺、腌泡工艺、卤煮工艺、凝冻工艺、粘糖工艺、单拼的制作、双拼的制作、三拼的制作、什锦拼盘的制作、花色冷拼的制作、果蔬雕刻类盘饰制作、花草类盘饰制作、面塑类盘饰制作、糖艺类盘饰制作、酱汁类盘饰制作、巧克力类盘饰制作、器物类盘饰制作等。

　　本书可作为烹饪类相关专业的教材,还可作为职业资格鉴定培训、冷拼与盘饰相关专业技能培训用书。

图书在版编目(CIP)数据

冷拼与盘饰技艺/谢欣,孙录国,丁德龙主编.—武汉:华中科技大学出版社,2020.2(2024.7 重印)
ISBN 978-7-5680-6022-6

Ⅰ.①冷… Ⅱ.①谢… ②孙… ③丁… Ⅲ.①凉菜-制作 Ⅳ.①TS972.114

中国版本图书馆 CIP 数据核字(2020)第 017657 号

冷拼与盘饰技艺
Lengpin yu Panshi Jiyi

谢　欣　孙录国　丁德龙　主编

策划编辑:汪飒婷
责任编辑:郭逸贤
封面设计:廖亚萍
责任校对:张会军
责任监印:周治超
出版发行:华中科技大学出版社(中国·武汉)　　电话:(027)81321913
　　　　　武汉市东湖新技术开发区华工科技园　　邮编:430223
录　　排:华中科技大学惠友文印中心
印　　刷:武汉科源印刷设计有限公司
开　　本:889mm×1194mm　1/16
印　　张:8.5
字　　数:246 千字
版　　次:2024 年 7 月第 1 版第 4 次印刷
定　　价:42.00 元

网络增值服务

使 用 说 明

欢迎使用华中科技大学出版社医学资源网 yixue.hustp.com

1 教师使用流程

（1）登录网址：**http://yixue.hustp.com** （注册时请选择教师用户）

注册 ＞ 登录 ＞ 完善个人信息 ＞ 等待审核

（2）审核通过后，您可以在网站使用以下功能：

下载教学资源　　建立课程　　　　管理学生　　　布置作业　查询学生学习记录等

教师

2 学员使用流程

（建议学员在PC端完成注册、登录、完善个人信息的操作。）

（1）**PC 端学员操作步骤**

① 登录网址：http://yixue.hustp.com（注册时请选择普通用户）

注册 ＞ 登录 ＞ 完善个人信息

② **查看课程资源：**（如有学习码，请在"个人中心—学习码验证"中先通过验证，再进行操作。）

选择课程

首页课程 ＞ 课程详情页 ＞ 查看课程资源

（2）**手机端扫码操作步骤**

手机扫码 → 登录 → 查看数字资源

注册

全国餐饮职业教育教学指导委员会重点课题
"基于烹饪专业人才培养目标的中高职课程体系与教材开发研究"成果系列教材
餐饮职业教育创新技能型人才培养新形态一体化系列教材

丛 书 编 审 委 员 会

主 任

姜俊贤　全国餐饮职业教育教学指导委员会主任委员、中国烹饪协会会长

执行主任

杨铭铎　教育部职业教育专家组成员、全国餐饮职业教育教学指导委员会副主任委员、中国烹饪协会特邀副会长

副 主 任

乔　杰　全国餐饮职业教育教学指导委员会副主任委员、中国烹饪协会副会长

黄维兵　全国餐饮职业教育教学指导委员会副主任委员、中国烹饪协会副会长、四川旅游学院原党委书记

贺士榕　全国餐饮职业教育教学指导委员会副主任委员、中国烹饪协会餐饮教育委员会执行副主席、北京市劲松职业高中原校长

王新驰　全国餐饮职业教育教学指导委员会副主任委员、扬州大学旅游烹饪学院原院长

卢　一　中国烹饪协会餐饮教育委员会主席、四川旅游学院校长

张大海　全国餐饮职业教育教学指导委员会秘书长、中国烹饪协会副秘书长

郝维钢　中国烹饪协会餐饮教育委员会副主席、原天津青年职业学院党委书记

石长波　中国烹饪协会餐饮教育委员会副主席、哈尔滨商业大学旅游烹饪学院院长

于干千　中国烹饪协会餐饮教育委员会副主席、普洱学院副院长

陈　健　中国烹饪协会餐饮教育委员会副主席、顺德职业技术学院酒店与旅游管理学院院长

赵学礼　中国烹饪协会餐饮教育委员会副主席、西安商贸旅游技师学院院长

吕雪梅　中国烹饪协会餐饮教育委员会副主席、青岛烹饪职业学校校长

符向军　中国烹饪协会餐饮教育委员会副主席、海南省商业学校校长

薛计勇　中国烹饪协会餐饮教育委员会副主席、中华职业学校副校长

开展餐饮教学研究　加快餐饮人才培养

　　餐饮业是第三产业重要组成部分,改革开放 40 年来,随着人们生活水平的提高,作为传统服务性行业,餐饮业对刺激消费需求、推动经济增长发挥了重要作用,在扩大内需、繁荣市场、吸纳就业和提高人民生活质量等方面都做出了积极贡献。就经济贡献而言,2018 年,全国餐饮收入 42716 亿元,首次超过 4 万亿元,同比增长 9.5%,餐饮市场增幅高于社会消费品零售总额增幅 0.5 个百分点;全国餐饮收入占社会消费品零售总额的比重持续上升,由上年的 10.8%增至 11.2%;对社会消费品零售总额增长贡献率为 20.9%,比上年大幅上涨 9.6个百分点;强劲拉动社会消费品零售总额增长了 1.9 个百分点。中国共产党第十九次全国代表大会(简称党的十九大)吹响了全面建成小康社会的号角,作为人民基本需求的饮食生活,餐饮业的发展好坏,不仅关系到能否在扩内需、促消费、稳增长、惠民生方面发挥市场主体的重要作用,而且关系到能否满足人民对美好生活的向往、实现小康社会的目标。

　　一个产业的发展,离不开人才支撑。科教兴国、人才强国是我国发展的关键战略。餐饮业的发展同样需要科教兴业、人才强业。经过 60 多年特别是改革开放 40 年来的大发展,目前烹饪教育在办学层次上形成了中职、高职、本科、硕士、博士五个办学层次;在办学类型上形成了烹饪职业技术教育、烹饪职业技术师范教育、烹饪学科教育三个办学类型;在学校设置上形成了中等职业学校、高等职业学校、高等师范院校、普通高等学校的办学格局。

　　我从全聚德董事长的岗位到担任中国烹饪协会会长、全国餐饮职业教育教学指导委员会主任委员后,更加关注烹饪教育。在到烹饪院校考察时发现,中职、高职、本科师范专业都开设了烹饪技术课,然而在烹饪教育内容上没有明显区别,层次界限模糊,中职、高职、本科烹饪课程设置重复,拉不开档次。各层次烹饪院校人才培养目标到底有哪些区别?在一次全国餐饮职业教育教学指导委员会和中国烹饪协会餐饮教育委员会的会议上,我向在我国从事餐饮烹饪教育时间很久的资深烹饪教育专家杨铭铎教授提出了这一问题。为此,杨铭铎教授研究之后写出了《不同层次烹饪专业培养目标分析》《我国现代烹饪教育体系的构建》,这两篇论文回答了我的问题。这两篇论文分别刊登在《美食研究》和《中国职业技术教育》上,并收录在中国烹饪协会主编的《中国餐饮产业发展报告》之中。我欣喜地看到,杨铭铎教授从烹饪专业属性、学科建设、课程结构、中高职衔接、课程体系、课程开发、校企合作、教师队伍建设等方面进行研究并提出了建设性意见,对烹饪教育发展具有重要指导意义。

　　杨铭铎教授不仅在理论上探讨烹饪教育问题,而且在实践上积极探索。2018 年在全国餐饮职业教育教学指导委员会立项重点课题"基于烹饪专业人才培养目标的中高职课程体系与教材开发研究"（CYHZWZD201810）。该课题以培养目标为切入点，明晰烹饪专业人才培养规格；以职业技能为结合点，确保烹饪人才与社会职业有效对接；以课程体系为关键点，通过课程结构与课程标准精准实现培养目标；以教材开发为落脚点，开发教学过程与生产过程对接的、中高职衔接的两套烹饪专业课程系列教材。这一课题的创新点在于：研究与编写相结合，中职与高职相同步，学生用教材与教师用参考书相联系，资深餐饮专家领衔任总主编与全国排名前列的大学出版社相协作，编写出的中职、高职系列烹饪专业教材，解决了烹饪专业文化基础课程与职业技能课程脱节，专业理论课程设置重复，烹饪技能课交叉，职业技能倒挂，教材内容拉不开层次等问题，是国务院《国家职业教育改革实施方案》提出的完善教育教学相关标准中的持续更新并推进专业教学标准、课程标准建设和在职业院校落地实施这一要求在烹饪职业教育专业的具体举措。基于此，我代表中国烹饪协会、全国餐饮职业教育教学指导委员会向全国烹饪院校和餐饮行业推荐这两套烹饪专业教材。

习近平总书记在党的十九大报告中将"两个一百年"奋斗目标调整表述为：到建党一百年时，全面建成小康社会；到新中国成立一百年时，全面建成社会主义现代化强国。经济社会的发展，必然带来餐饮业的繁荣，迫切需要培养更多更优的餐饮烹饪人才，要求餐饮烹饪教育工作者提出更接地气的教研和科研成果。杨铭铎教授的研究成果，为中国烹饪技术教育研究开了个好头。让我们餐饮烹饪教育工作者与餐饮企业家携起手来，为培养千千万万优秀的烹饪人才、推动餐饮业又好又快地发展，为把我国建成富强、民主、文明、和谐、美丽的社会主义现代化强国增添力量。

全国餐饮职业教育教学指导委员会主任委员

中国烹饪协会会长

　　《国家中长期教育改革和发展规划纲要（2010—2020年）》及《国务院办公厅关于深化产教融合的若干意见（国办发〔2017〕95号）》等文件指出：职业教育到2020年要形成适应经济发展方式的转变和产业结构调整的要求，体现终身教育理念，中等和高等职业教育协调发展的现代教育体系，满足经济社会对高素质劳动者和技能型人才的需要。2019年1月，国务院印发的《国家职业教育改革实施方案》中更是明确提出了提高中等职业教育发展水平、推进高等职业教育高质量发展的要求及完善高层次应用型人才培养体系的要求；为了适应"互联网＋职业教育"发展需求，运用现代信息技术改进教学方式方法，对教学教材的信息化建设，应配套开发信息化资源。

　　随着社会经济的迅速发展和国际化交流的逐渐深入，烹饪行业面临新的挑战和机遇，这就对新时代烹饪职业教育提出了新的要求。为了促进教育链、人才链与产业链、创新链有机衔接，加强技术技能积累，以增强学生核心素养、技术技能水平和可持续发展能力为重点，对接最新行业、职业标准和岗位规范，优化专业课程结构，适应信息技术发展和产业升级情况，更新教学内容，在基于全国餐饮职业教育教学指导委员会2018年度重点课题"基于烹饪专业人才培养目标的中高职课程体系与教材开发研究"（CYHZWZD201810）的基础上，华中科技大学出版社在全国餐饮职业教育教学指导委员会副主任委员杨铭铎教授的指导下，在认真、广泛调研和专家推荐的基础上，组织了全国90余所烹饪专业院校及单位，遴选了近300位经验丰富的教师和优秀行业、企业人才，共同编写了本套餐饮职业教育创新技能型人才培养新形态一体化系列教材、全国餐饮职业教育教学指导委员会重点课题（"基于烹饪专业人才培养目标的中高职课程体系与教材开发研究"）成果系列教材。

　　本套教材力争契合烹饪专业人才培养的灵活性、适应性和针对性，符合岗位对烹饪专业人才知识、技能、能力和素质的需求。本套教材有以下编写特点：

　　1．权威指导，基于科研　本套教材以全国餐饮职业教育教学指导委员会的重点课题为基础，由国内餐饮职业教育教学和实践经验丰富的专家指导，将研究成果适度、合理落脚于教材中。

　　2．理实一体，强化技能　遵循以工作过程为导向的原则，明确工作任务，并在此基础上将与技能和工作任务集成的理论知识加以融合，使得学生在实际工作环境中，将知识和技能协调配合。

　　3．贴近岗位，注重实践　按照现代烹饪岗位的能力要求，对接现代烹饪行业和企业的职业技能标准,将学历证书和若干职业技能等级证书("1＋X"证书)内容相结合,融入新技术、新工艺、新规范、新要求,培养职业素养、专业知识和职业技能,提高学生应对实际工作的能力。

4.编排新颖,版式灵活　注重教材表现形式的新颖性,文字叙述符合行业习惯,表达力气通俗、易懂,版面编排力求图文并茂、版式灵活,以激发学生的学习兴趣。

5.纸质数字,融合发展　在新形势媒体融合发展的背景下,将传统纸质教材和我社数字资源平台融合,开发信息化资源,打造成一套纸数融合的新形态一体化教材。

本系列教材得到了全国餐饮职业教育教学指导委员会和各院校、企业的大力支持和高度关注,它将为新时期餐饮职业教育做出应有的贡献,具有推动烹饪职业教育教学改革的实践价值。我们衷心希望本套教材能在相关课程的教学中发挥积极作用,并得到广大读者的青睐。我们也相信本套教材在使用过程中,通过教学实践的检验和实际问题的解决,能不断得到改进、完善和提高。

前言

　　近年来，随着经济的发展，人们对美好生活的向往越发迫切，对餐饮服务的审美要求不断提高，菜品的装饰艺术越来越受到餐饮从业人员的重视，因此冷拼、盘饰技艺得到了迅速的发展，形式不断创新，原料也更广泛，被越来越多的餐饮从业人员所青睐、运用，极大地繁荣和推动了我国烹饪文化的发展。因此，我们在现代餐饮人才培养的课程体系中，要紧贴市场需求，与时俱进地推进中职教育教学内容的深化改革，培养适应餐饮企业需求的高素质的技能型人才。

　　冷拼与盘饰技艺是中餐烹饪与营养膳食专业的核心课程之一。本书以冷菜、盘饰制作为核心教学内容，吸收当前餐饮行业最新技术和技能大赛优秀作品，突出新技术的运用，举一反三，拓展冷菜、盘饰制作的新思路与新方法，意在全面提高学生职业素质、冷菜岗位工作能力、打荷岗位工作能力、设计与创新能力。确立以学生为主体的教学观念，运用工学结合一体化、强调过程的教学模式，让学生通过模拟职业活动，在获得专业知识与技能的同时体验工作，产生职业的认同感，切实提高学生的实践操作能力与创新能力。每一个学习活动中的制订方案、方案解读、学习评价均与学习任务紧密联系，突出了学生在学习活动中的主体作用，引导学生提出问题，促进学生思考，培养学生自主学习的能力，体现了"做中学""学中做"的一体化教学理念，全面提升学生的综合职业能力。

　　本书由广西商业技师学院谢欣、山东省城市服务技师学院孙录国、青岛酒店管理职业技术学院丁德龙三位教师担任主编，他们都从事烹饪一线教学工作多年，对烹饪专业理论和实践有较深的研究，具有丰富的教学及课改经验。在本书的编写过程中得到了山东省城市服务技师学院姜大伟、王亮、刘学贤，广西商业技师学院何艳军、练勋慧、周孜蓓，济南大学范涛，云南能源职业技术学院赵建红及其所在单位以及校企合作企业的大力支持，参考了业界同人的有关资料，在此一并表示衷心的感谢！

　　由于编者的水平有限，书中难免会出现一些遗漏和不足之处，真诚地希望广大同行、老师及学生们提出宝贵意见，以便下次修订时不断完善。

编者

目录

冷菜烹调工艺

学习目标

1. 熟悉常见冷菜烹调工艺的概念、工艺流程。
2. 熟悉常见冷菜烹调工艺的技术关键及成菜特点。
3. 能够在老师的指导下正确运用冷菜烹调工艺制作各类冷菜。
4. 能够熟练运用各种冷菜烹调工艺制作出符合质量标准的冷菜作品。
5. 能够较好运用各种冷菜烹调工艺并能够举一反三,掌握冷菜烹调的基本规律。
6. 学习成员之间能够互相帮助,根据任务完成常见冷菜的制作。
7. 能够轻松、自然、准确地向他人介绍常见冷菜的成菜特点及技术关键。
8. 树立爱岗敬业的职业意识、安全意识、卫生意识。

建议学时:
10 学时

工作情境描述

　　某职业学校烹饪专业的小王、小张两位同学经过在校两年的理论学习与实践操作训练,掌握了一些基本的烹饪知识与基本技能,他们被学校分配到一家星级酒店实习,报到手续完结后被派到了冷菜厨房,冷菜厨房的主管许师傅接待了他们,并让他们分别做王师傅、李师傅的助手,负责冷菜的制作。经过一段时间的跟岗实习,他们掌握了一些常见冷菜的制作工艺。

　　根据以上工作情境,设计学习情境:在实训室内,学生根据老师下达的冷菜制作任务,以小组合作的形式,查询有关资料,制订工作方案,领取原料,运用相关工具设备,按照冷菜制作的相关流程,完成冷菜出品的工作任务。

　　小组之间进行互评,老师讲评并进行完整演示,学生再次领取原料,按照之前老师的讲评,独立完成冷菜制作任务,老师进行点评。各小组按照各自的区域分工,进行卫生清扫,并做好相关设备的安全检查。

工作流程与活动

　　学习活动 1　拌炝工艺
　　学习活动 2　腌泡工艺
　　学习活动 3　卤煮工艺
　　学习活动 4　凝冻工艺
　　学习活动 5　粘糖工艺

学习活动 1 拌炝工艺

拌炝是最常见的冷菜烹调工艺,既有经加热后调味的,也有不经加热直接调味的,其口味多种多样,千变万化。炝实质上是拌的一种,它是指原料经加工成细小形状,焯水或滑油后趁热(或晾凉)加入具有较强挥发性物质的调味品如花椒油、胡椒粉、芥末油等调料而成菜的一种烹调方法。大多地方习惯上将炝、拌并列,也有的地方炝、拌不分。

一、拌

拌是将经过加工整理的烹饪原料(熟料或可食生料)加工成丝、片、丁、条等细小形状后,加入适当的调味品调制搅和成菜的一种烹调方法。拌菜多数现吃现拌,也有的先用盐或糖码味,拌时挤出汁水,再调拌供食。拌是冷菜烹调中最普遍、使用范围最广泛的一种方法。

（一）工艺流程

拌制工艺一般要经过选料加工、拌制前处理、选择拌制方式、装盘调味等工序。

（1）可食生料,必须先洗净,再用盐水(2%)或高锰酸钾溶液(0.3%)消毒(泡5分钟),然后再改刀拌制。

（2）凡需熟处理的原料,熟处理时要根据原料的质地和菜肴的质感要求掌握好火候,例如,焯水有沸水锅和冷水锅之分,成熟度可分为断生、刚熟、熟透、软熟等层次。若要保持原料质地脆嫩和色泽鲜艳,焯水后则应随即晾开或放入凉水中散热。过油有走油(即炸)和滑油之分,走油油温宜高,滑油油温宜低;走油要使原料酥脆,滑油要使原料滑嫩。若油分太多,还要用温开水冲洗。

（3）拌制菜肴,不论佐以何种味型,都应先根据复合味的标准,正确调味。调制的味汁,要掌握浓厚的程度,使之与原料拌和稀释后能正确体现复合味的风味。拌菜调味的方式因具体菜肴而不同,一般有以下三种:

①拌味;

②淋味;

③蘸味。

（二）技术关键

（1）原料的加工整理要恰当。

（2）调味要准确合理,各种拌菜使用的调料和口味要有其特色。

（3）应现吃现拌,不宜久放。拌制菜肴的装盘、调味和食用,要相互配合,装盘和调味后要及时食用。

（三）成菜特点

香气浓郁,鲜醇不腻,清凉爽口;少汤少汁(或无汁);味别繁多;质地脆、嫩、韧。

（四）分类

拌制工艺的分类,通常按原料在拌时的生熟状况分为生拌、熟拌、生熟拌;按拌时原料的凉热情况分为凉拌、温拌、热拌;按成菜味型的不同分为咸鲜拌、咸香拌、麻辣拌、酸辣拌、糖醋拌等。

（五）常见菜肴

蓑衣黄瓜、拌生鱼、麻辣白菜、热拌虾片、温拌腰片、鸡丝拌黄瓜、香椿拌豆腐、生菜拌虾片、麻酱鲜贝、麻酱海螺、怪味鸡丝、棒棒鸡、白斩鸡、红油鱼丝、凉拌茄子等。拌制常见代表菜肴见图1-1-1。

(a)   (b)

图 1-1-1 拌制常见代表菜肴

二、炝

在口味众多的拌制菜肴中，有一些菜肴是用花椒油、花椒粉、芥末油、芥末酱、白酒、胡椒粉等具有较强挥发性物质的调味品拌制而成的。白酒有强烈的酒味，沸油炝香料有浓烈的香味与热油味，呛人鼻喉，于是有人就把这类菜肴的烹调方法称为炝。从制作过程看，炝还是拌制法，或者说是拌的一种，炝与拌是种属关系。炝的名称始见于清代的《调鼎集》，如炝菱菜、炝冬笋、炝虾、炝松菌等。现在炝法各地都广泛使用。

（一）工艺流程

炝是把具有较强挥发性物质的调味品趁热（或晾凉）直接加入经焯水、过油或鲜活的细嫩原料中，静置片刻使之入味成菜的冷菜烹调方法。在加热方法上，炝以使用上浆滑油的方法为主，植物性原料则一般焯水，在调料使用上，炝以具有挥发性物质的调味品为主。

炝制工艺一般要经过选料、初加工、切配、熟处理、炝制调拌等工序。

（1）植物性原料在熟处理时，一般要焯水，然后晾凉炝拌。动物性原料一般要上浆，既可滑油，也可汆烫。滑油时，蛋清淀粉浆的干稀薄厚要恰当，油温在三四成热时下锅；汆烫时，蛋清淀粉浆应干一点、厚一点，水沸时再下锅。

（2）原料在熟处理后，既可趁热炝制，也可晾凉炝制，但动物性原料以趁热炝制为好。

（二）技术关键

（1）原料熟处理时的火候要适中，原料断生即可，过老或过软都会影响炝制菜肴的风味。

（2）原料炝制拌味后，应待味汁浸润渗透入内，再装盘上桌。

（三）成菜特点

色泽鲜艳，润滑油亮；脆嫩（或滑嫩）爽口；鲜香入味，风味独特。

（四）分类

炝制工艺分类也有不同的标准。

（1）根据熟处理方法的不同分为滑炝和焯炝。

（2）根据原料在炝前是否经过熟处理分为熟炝和生炝。

（3）根据炝制所用调味品的冷热可分为冷炝和热炝。

（五）代表菜肴

炝制代表菜肴如滑炝鱼丝、炝凤尾虾、海米炝芹菜、葱椒炝鱼片、炝活虾等。炝制代表菜肴见图1-1-2。

图 1-1-2　炝制代表菜肴

学习活动 2　腌 泡 工 艺

腌泡是以盐为主要调味品,配合其他调料,将原料经过一定时间(短则数小时,长则数日)腌制成菜的方法,根据口味的不同可分为腌、醉、糟、泡四种。腌(一般指盐腌)既是其他三种的基础,又是一种独立的冷菜烹调方法,成菜咸香。醉是以白酒或黄酒为主要调料泡渍鲜活的原料,突出酒香味。糟以糟卤或糟油腌泡原料,成菜糟香浓郁,略带甜味。泡主要用于时鲜蔬菜,主要是通过乳酸菌发酵制成菜肴的,成菜质地脆嫩,口味有酸甜、酸咸两种。

一、腌

预腌,是以盐为主要调味品,揉搓擦抹或浸渍原料,并经静置入味成菜的烹调方法。作为独立的烹调方法,腌法不同于预腌,而是以盐为主,辅以其他调料(如辣椒、五香料、蒜、糖等)将主料一次性加工成菜的方法。

腌法是利用盐的渗透性能使原料析出水分,形成腌制品的独特风味。经盐腌后,脆嫩性的植物原料会更加爽脆,动物性原料也会产生一种特有的香味,质地也变得紧实。原料在腌制时不经过发酵。

(一)工艺流程

盐腌工艺一般要经过选料、初加工、刀工、熟处理、腌制、装盘等工序。

(二)技术关键

(1)腌制的原料一定要符合卫生要求,原料要新鲜。

(2)调味与腌制要根据原料的性质来掌握腌渍的时间。

(3)腌制蔬菜应清香嫩脆;腌制动物性原料应细嫩滋润,醇香味浓。由于腌制品在盐的渗透作用下,可抑制许多微生物的生长,比新鲜原料更耐储存,可用于冬季鲜菜稀少时食用。

(三)成菜特点

色泽美观,质地鲜嫩,爽脆不腻。

(四)代表菜肴

如糖醋杨花萝卜、酸辣白菜、蛇皮辣黄瓜、盐水西蓝花、盐水菊花鸭胗、卤浸油鸡、卤浸鱼条等。腌制代表菜肴见图1-2-1。

图 1-2-1　腌制代表菜肴

二、醉

醉,也叫醉腌,就是将烹饪原料经过适当的处理(包括初步加工和熟处理),放入以酒和盐为主要调味品的汁液中腌渍至可食的一种冷菜烹调方法。所用的酒一般是优质白酒或绍兴黄酒。

（一）工艺流程

醉制工艺流程一般要经过选料、刀工、热处理、醉腌、盛装等工序。

（1）醉制的菜肴适宜用蛋白质较多的原料或明胶成分较多的原料,主要是新鲜的鸡、鸭、猪腰子、鱼、虾、蟹、贝类及蔬菜等原料。

（2）用来生醉的动物性原料如虾、蟹、螺、蚶必须是鲜活的。为了入味,应把这些鲜活的原料先洗净,装入竹篓中,放入流动的清水内,让其吐尽腹水,排空腹中污物,停放一些时间,使鲜活的原料呈饥饿干渴状态,再放入调味汁中,这样鲜活原料可自吸多量调味汁。

（3）醉制的酒多用米酒或露酒、果酒、白酒、黄酒。其中以黄酒、白酒较为常用。醉腌的调味卤汁,可根据原料和菜肴的需要,用不同的调味配方调制不同的卤汁,使醉制菜肴呈不同的风味特色。

（4）醉腌过程中,要封严盖紧不漏气,要到时间才能取用。醉制时间长短应根据原料而定,一般生料久些,熟料短些,长时间醉腌的卤汁中咸味调料不能太浓。短时间醉腌的则不能太淡。另外,若以黄酒醉制,时间不能太长,防止口味发苦。醉制菜肴若在夏天制作,应尽可能放入冰箱或保鲜室。

（二）技术关键

（1）醉制冷菜一般不宜选用多脂肪食品,原料可整形醉制,也可加工成丝、片、条或花刀块醉制。

（2）用来生醉的动植物必须新鲜、无病、无毒。

（3）盛器要严格消毒,注意清洁卫生(因为通过醉制后不再加热处理)。

（三）成菜特点

酒香浓郁,鲜爽适口,大多数菜肴保持原料的本色本味。

（四）分类

醉制工艺有不同的种类,一般根据原料加工的方法,分为生醉和熟醉;根据所用调料的不同分为红醉和白醉。

❶ **生醉**　生醉是将生料洗净后装入盛器,加酒料等醉制的方法。主料多用鲜活的虾、蟹和贝类等。山东、四川、上海、江苏、福建等地多用此法,如醉蚶、醉蛎生、醉螺、醉活虾等。生醉代表菜肴见图 1-2-2。

❷ **熟醉**　熟醉是指将原料加工成丝、片、条、块或用整料,经熟处理后醉制的方法。具体制法可

分三种：

(1)先焯水后醉。将原料放入八成热水中快速焯透，捞出过凉开水后挤干水分，放入碗内醉制。

(2)先蒸后醉。原料洗净装碗，加部分调味品汁液上笼蒸透，取出冷却后醉制。北京、福建等地多用此法。

(3)先煮后醉。原料煮透再醉制，天津、上海、北京、福建等地多用此法。

(五)代表菜肴

醉冬笋、青红酒醉鸡、醉蛋、醉鸭肝、酒醉黄螺等。

图 1-2-2　生醉代表菜肴

三、糟

糟，也称糟腌，是将原料(多指加工后的熟料)放入糟卤(由醪糟与绍兴酒、白糖等调制而成)和精盐等作为主要调味品的汁液中腌浸、渍制成菜的烹调方法。制作糟菜离不开酒糟，酒糟是酒脚经过进一步加工而成的香糟，一般含有10%左右的酒精和20%～25%的可溶性无氮物，并含有丰富的脂肪。酒糟与酒的风味不同，如红糟含有5%的天然红曲色素，有的酒糟则掺有15%～20%的熟麦麸和2%～3%的五香粉。

凡糟法皆需借用多量的酒。因为酒糟糟制生原料时，往往由于细菌能力不足而不能使之充分变成熟，因而常用预腌，其属于发酵腌藏方法之一。发酵腌藏后成品还需用其他方法加热致熟，从而成为糟烧、糟蒸等菜肴的加工程序之一。若欲直接将原料糟制成熟，还需借用酒的功能。尽管如此，糟还是具有一定的发酵作用的，并且成品所突出的又是糟香风味，因此将糟与醉加以区别是很有必要的。

(一)工艺流程

糟制工艺一般要经过选料、加工整理、刀工、制卤、浸腌、盛装等工序。

(二)技术关键

(1)选料：选用的原料必须质地鲜嫩，且符合卫生要求。
(2)初加工要得法，要根据不同原料采取不同的方法。
(3)熟糟的原料要经过熟处理，熟处理时不宜熟烂。
(4)调制卤汤时各种调味品的比例要正确。

(三)成菜特点

糟香突出，清淡可口、色泽淡雅、诱人食欲。

(四)分类

根据原料在糟腌前是否经过熟处理，可将糟法分为熟糟和生糟两种。

❶ **熟糟**　熟糟就是将经过加工整理的原料熟处理后再糟制的方法。一般取用整只的鸡、鸭、鸽等，或取鸡爪、猪爪、猪肚、猪舌等，有时也可选用植物性原料如冬笋、茭白等，经过焯水、煮或蒸熟成半成品后(整料分割成较大的块)，浸没在糟卤内，使之入味。糟制冷菜以熟糟为多。

❷ **生糟**　生糟就是原料未经熟处理直接糟制的方法。以浙江、四川等地所制糟蛋著名。因糟料不同又有酒糟、酱糟、腐乳糟之分。

(五)代表菜肴

糟油口条、红糟鸡、糟鸭、糟鱼、糟花生、香糟蛋等。糟制代表菜肴见图 1-2-3。

图 1-2-3　糟制代表菜肴

四、泡

泡也可称渍,作为一种冷菜烹调方法,是指将经加工处理的原料,装进特制的有沿有盖的陶器坛内,以特制的溶液浸泡一段时间,经过乳酸发酵(也有的不经发酵)而成熟的方法。其溶液通常用盐水、绍酒、干酒、干红辣椒、红糖等佐料,草果、花椒、八角、香叶等香料,入冷开水浸渍制成。经泡后的烹饪原料,可直接食用,也可与其他荤素原料配合制作风味菜肴。

(一)工艺流程

泡制工艺一般要经过选料、初加工、刀工、制卤、泡制等工序。

(二)技术关键

(1)原料选择:泡菜应选择新鲜脆嫩的原料。

(2)盛器的选择:泡菜要使用专门工具,切忌油腻污染。

(3)泡制的时间:泡菜泡制的时间应根据不同的季节而定。

(三)成菜特点

质地脆嫩,咸鲜微酸或咸酸辣甜,清淡爽口。

(四)分类

按照泡制的卤汁及选用原料的不同,泡制法可大体分为咸泡和甜酸泡两种。按所泡原料的性质分为素泡和荤泡。

❶ **咸泡**　咸泡是以盐、白酒、花椒、生姜、干辣椒、蒜等为主要调味品制成的卤汁泡制原料的方法。成品咸酸辣甜,别有风味。

❷ **甜酸泡**　甜酸泡是以白糖和白醋(或醋精)为主要调味品制成的卤汁来浸泡原料的方法,成品口味以甜酸为主。甜酸泡不必发酵,只要把原料泡至入味即可,保存在 5 ℃左右的冰箱内或阴凉处。若卤汁杂质太多或味不浓,可用锅烧沸,再加入适当的调料,冷却后继续使用。

(五)代表菜肴

四川泡菜、北京泡菜、酸黄瓜、什锦泡菜、咖喱菜花、甜酸辣泡芹、甜酸辣苹果等。泡制代表菜肴见图 1-2-4。

图 1-2-4　泡制代表菜肴

学习活动 3　卤 煮 工 艺

卤煮是指用一定的汤水对烹饪原料进行烧煮使其成为冷菜的一种工艺过程。根据汤水制作方法及口味的不同，又分为卤、酱、盐水煮、白煮、烧焖。卤讲究用老卤制菜，卤汁中香料成分较多；酱与卤制法相似，但卤汁一般是现制现用，将卤汁收浓，不留老卤；盐水煮成菜色泽淡雅，口味清爽鲜咸；烧焖是热菜之法的变格，不预先制汤，调味品在加热时添加。

一、卤

卤是将加工整理的原料，放入事先制好的卤汁中，先用旺火烧开，再改用小火浸煮，使卤汁中的滋味缓缓地渗入原料内部，使原料变得香浓酥烂，停火冷却后成菜的一种烹调方法。一般来说"卤"是一种复合调味制品的总称，许多菜肴在制作过程中需要"对卤"，这里的卤，主要是讲用卤来煮熟原料，是成熟与调味合二为一的冷菜烹调方法。卤制品称卤货或卤菜。

卤菜调味以盐、香料为主，酱油为辅，主要是增加食物的滋味和色泽。烹制好以后，成品要浸在卤汁内，让其慢慢冷却，随吃随取，保持香嫩；也可即行捞出，待凉后在原料表面涂上一层香油，防止卤菜表面发硬和干缩变色。

（一）工艺流程

卤菜的风味，由于各地原料和口味的不同而有差异，但卤菜的制作过程却是基本相同的。一般要经过调制卤汁、选料、初加工、投料卤制入味等工序。

（二）技术关键

（1）原料要求：应选用新鲜细嫩、滋味鲜美的原料。

（2）原料的卤前预制：必须做好原料卤制前的初步熟处理。

（3）火候：卤制时火候要控制恰当，其火力要保持卤汁沸而不腾。

（4）卤汁的保存：长期保存的卤汁要经常清卤、撇油、过滤、晾凉，以免变质。

（三）成菜特点

香透肌里，诱人食欲；滋味鲜香不腻。

（四）分类

卤制工艺按所用卤汁的颜色可分为红卤与白卤两类。

❶ **红卤** 红卤就是用红卤汁卤制的方法,其主要调味品有酱油、红曲米、盐、白糖、料酒及各种香料。成菜色泽深红发亮,口味咸鲜回甜,香气浓郁。

❷ **白卤** 白卤就是用白卤汁卤制的方法。白卤不用有色的调味品,一般不放糖,香料的种类与用量也较少,成菜以清鲜见长。

（五）代表菜肴

符离集烧鸡、红卤鸡、卤肫肝、香卤鸭掌、卤鸡蛋、白卤牛肉、葱油田鸡、白卤鸭、无锡排骨等。卤制代表菜肴见图 1-3-1。

图 1-3-1 卤制代表菜肴

二、酱

酱是将原料初步加工后,放入酱锅(以酱油或面酱、豆瓣酱为主,加其他调料制成)中,用小火煮至质软汁稠时出锅,晾凉后,浇上酱汁食用的一种烹调方法。酱油(有时也用面酱或豆瓣酱)是加工此菜的主要调料,用量多少,直接影响成菜的质量。

酱和卤属热制冷吃的烹调方法,其调味、香料大致相同,制法也大同小异,故有人把酱和卤并称"卤酱"。其实,酱与卤从原料选择、品种类别、制作过程和成品风味等方面都有不同。

(1)酱菜选料主要集中在动物性原料上,如猪、牛、羊、鸡、鸭及头、蹄一类;卤菜的选料则适应性较强,选择面广。

(2)酱制用的酱汁,原来必用豆腐、面酱,现在多改用酱油或加糖上色,酱制成品一般色泽酱红或红褐、品种相对单调;卤菜则有红卤和白卤之分,成品种类多样化。

(3)酱菜的卤汁可现制现用,酱制时把卤汁收浓或收干,不余卤汁,也可用老卤酱制,酱制成熟后,留一部分卤汁收于制品上;而卤菜一般都需要用老卤,卤制时添加适量调料,卤制后还需剩下部分卤汁,作为老卤备用。

(4)酱制菜肴成品除了使原料成熟入味外,更注重原料外表的口味,特别是将卤汁收浓,黏附在原料表面,故口感外表更浓重一些;卤菜原料由于长时间浸在卤汁内加热,故成品内外熟透,口味一致。

（一）工艺流程

凡需酱制的原料,一般要用盐腌渍一定时间,再洗去血水和污物,然后切成 500～1000 克的块状,焯水后放入酱锅中进行酱制。一般先以旺火烧开,再改用小火煮至原料上色、酥烂为止。酱汁用后可和卤菜的卤汁一样保存和调理并长期使用。酱制一般要经过选料、初加工处理、入锅酱制、冷却、改刀装盘等工序。

（二）技术关键

（1）酱制原料通常以家禽、家畜及其内脏等动物性原料为主，一般都要进行初步熟处理。

（2）配制酱汁时香料的用料要恰到好处。

（3）掌握好火候：根据原料的质地、形状、大小掌握酱制时间。

（4）酱汁用后也可和卤菜的卤汁一样保存和调理并长期使用，有"百年老汤"之说。

（三）成菜特点

口味浓醇，鲜香酥烂，酱香浓郁；色泽鲜艳，制品有的呈红色，有的呈紫酱色、玫瑰色、褐色等。

（四）代表菜肴

如六味斋酱猪肉、天福酱肘子、承德酱驴肉、张一品酱羊肉、五香酱牛肉、酱鸭、酱牛舌、酱鸡等。

三、盐水煮

盐水煮就是将已经加工整理的原料，放入水锅中，加入盐、葱、姜、花椒等调味品（一般不放糖和有色的调味品），再加热煮熟，然后晾凉成菜的烹调方法。水的用量以淹没原料为度。

（一）工艺流程

盐水煮一般要经过选料、加工、煮制成熟、切配装盘等工序。

（二）技术关键

（1）原料选择：应选择新鲜无异味、易熟的原料。

（2）初步热处理：体大质老的原料要事先焯水后再煮制。

（3）调味：掌握好放盐的时间及盐量。

（4）火候：煮制时还要掌握好火候。

（三）成菜特点

色泽淡雅，清新爽口；质地鲜嫩，咸鲜味美；无汤少汁。

（四）代表菜肴

盐水牛肉、盐水鸡肫、盐水虾、盐水猪舌、盐水鸭、荔枝白腰子、盐水羊肉、盐水毛豆等。盐水煮代表菜肴见图 1-3-2。

图 1-3-2　盐水煮代表菜肴

四、白煮

白煮是将加工整理的生料放入清水锅中,烧开后改用中小火长时间加热成熟,冷却切配装盘后配调料(拌食或蘸食)成菜的冷菜技法。它与热菜煮法的主要区别就是在煮制过程中只用清水(有的可加去异味的葱、姜、料酒等),故而得名。

(一)工艺流程

白煮的用料主要是家禽、家畜类肉品,尤以猪肉为最常用的主料。白煮一般要经过选料、加工整理、腌制、浸泡、焯水、煮制成熟、切配装盘、调味等工序。

(1)白煮的菜肴应保有原料纯正的鲜香本味,再配上精细制作的调料后,形成更丰美的滋味。

(2)白煮肉片的调料是用上等酱油、蒜泥、腌韭菜花、豆腐乳汁和辣椒油调制成鲜咸香辣的味汁,也可将调料分别放在小碗上桌,由顾客根据喜好自选调制。

(3)白煮羊头肉的调料则是将细盐、花椒用微火慢慢焙干。特别是盐既要焙干又不能上色,要保持洁白的本色,然后在石板上研成粉末,经过细筛后将盐粉、花椒粉和丁香粉、砂仁粉等香料粉混合一起拌匀,成为特制的鲜香椒盐。食用时,边吃边撒椒盐或蘸椒盐,具有独特风味。椒盐不能提前撒,否则羊头肉受到盐的渗透作用,会变得软塌无劲,失去脆嫩的特色。

(二)技术关键

(1)选料:应选择新鲜无异味的原料。
(2)水质:白煮的水质必须要洁净,最好使用山泉水。
(3)火候:原料煮制时要先烧开水后,再将原料下锅煮沸,后改用小火加热慢煮。
(4)改刀:白煮的改刀技巧要精细,调料要讲究。

(三)成菜特点

成菜色泽洁白、清爽利口,白嫩鲜香。

(四)代表菜肴

白煮鸡(亦叫白切鸡或白斩鸡)、白煮肉(有的叫白肉片)、白煮牛百叶、白煮豆腐等。

学习活动 4 凝冻工艺

凝冻(简称冻)是将含胶质丰富的动、植物性原料进行加热水解成胶体溶液,然后自然冷凝或与其他烹饪原料一起冷凝成菜的冷菜烹调工艺。冻的制法较为特殊,运用煮、蒸、滑油、焖烧等方法或其中的某些程序成菜,冷却后供食用。

(一)工艺流程

冻一般要经过选料、洗涤、初步熟处理、凝冻、成形、装盘等工序。

(1)冻制菜肴应选择鲜嫩无骨无血腥的原料,而且刀工处理要细小,一般应以小片状为多。主要有肉类(如鸡、排骨、猪皮、脚爪等)、鱼虾类、蔬菜类及水果类等。一般夏季多用含油脂少的原料,如鸡、虾、鱼、水果等;冬季多用含油脂多的原料,如羊羔、脚爪等。

(2)凝冻成形:冻制菜肴常见的成形方法有以下三种:

①将原料与冻汁混匀,然后倒入平盘中冷却,经刀工改成块状装盘。

②分层制作。待先入模的一层冻汁冷却至十分浓稠时,再加上后入模的一层冻汁,此法可制作许多层叠起的菜肴。

③特殊造型法,可制作出花形众多的皮冻食品。先将浓稠的冻汁放入器皿中一定厚度,然后将加工的主料放在这层冻汁上。一般要拼摆出一定的造型,然后再轻轻倒入另一部分浓稠的冻汁,冷却后脱模而成。

(3)冻制冷菜的特点是爽口滑嫩,韧而鲜洁。如果有油必使冻体发腻,失去冻制菜肴的风味,使菜肴逊色。特别是原汁冻体与皮冻汁,由于动物肉体与表皮机体中都含有脂肪,在加热过程中会溢出,一部分和水混合成为乳胶状,饱和部分则漂浮于汤液上。浮于汤液上的脂肪并不能与冻体结合为一体,所以必须在冻体凝聚时将汤液上的多余脂肪滗出,这样才能保持冻体的爽滑、明亮、清口。在装配定形时,一切固定形态的盛器都不需涂油,因冻体中没有淀粉糊精的成分,不会粘住盛器。

(二)技术关键

(1)注意原料加热的火候,加热时间的长短直接影响菜肴的质地,时间短了原料不会凝固在一起。

(2)冷凝前一定要将油脂清理干净,否则会影响菜肴的透明度。

(3)原料在汤和调味品中煮时要慢火煮透,才能使冻冷凝后澄清、透明。

(三)成菜特点

色泽鲜艳,形状美观,图案清晰;质地软嫩滑韧,清凉爽口,入口即化。

(四)分类

根据操作方法的不同,可分为原汁冻、混合冻、配料冻和浇汁冻。

❶ 原汁冻 原汁冻就是直接利用主料所含的胶质,经较长时间熬、煮水解后,再冷却凝结而成菜的方法。如江苏镇江的水晶肴蹄、四川的绿豆冻肘和民间常见的肉皮冻以及冬季的鱼冻等。

❷ 混合冻 混合冻就是在胶质原料加热成冻汁的过程中,加入液体状原料搅匀,使原料成熟后均匀混合在冻汁中,然后调味,冷却成形后成菜。当然,在成菜时也可加入固定形态的原料点缀菜肴的色、味,使其更有特色。常用的原料主要是鸡蛋、花生酱、豆酱等,如木樨水晶冻、冻肉糜、杏仁豆腐等。

❸ 配料冻 配料冻,就是将原料经过熟处理后,与猪皮、食用果胶、明胶或琼脂等胶质添加料一起蒸煮,然后冷凝成菜的一种方法。如以猪皮为冻料的潮州冻肉、云南琥珀蹄冻;以琼脂为冻料的冰冻水晶全鸭等。

配料冻还有一种方法,是将经过刀工处理和熟处理(晾凉后)的丝、片、丁、条和花形原料冷透后加入熬好的冻汁中,待冻汁晾凉而成菜。原料熟处理的方法主要有焯水(多用于植物性原料)、水煮(动物性原料中的鸡、鸭等)、码芡水滑(用于鱼、虾等细嫩的、水分含量多的原料)。这类菜肴讲求造型,需要一定的制作工艺。一般加原料的时机掌握在冻汁冷却至十分浓稠,黏度很大,但又没凝固时。此时加入原料,由于冻汁的黏力很大,不可能随意上浮或下沉,而是具有定向性。加入的配料与冻汁混匀后,就能很快冷却成形。如果在冻汁温度较高时加入原料,冻汁不能在短时间内变冷凝固,原料不是上浮就是下沉,达不到分布均匀的效果。配料冻的代表菜肴有潮州冻肉、琥珀蹄冻、冰冻水晶全鸭、冻虾仁肉圆、三色水晶冻等。

❹ 浇汁冻 浇汁冻就是把冻汁当作胶凝剂,利用成冻后的感官特征而制成的"水晶"系列菜肴。其方法是将主料煮至软熟后去骨吃味,装碗淋入冻汁,冷透后翻碗而成。

(五)代表菜肴

水晶肴蹄、绿豆冻肘、鱼冻、水晶鸭掌、冻鸡、什锦水果冻、桃子糕、水晶虾仁等。冻制代表菜肴见图1-4-1。

图 1-4-1　冻制代表菜肴

学习活动5　粘 糖 工 艺

将糖液粘挂在经过加工整理的原料表面而成菜的工艺叫粘糖工艺,包括蜜汁、挂霜、琉璃等方法。这些方法实际上应用的是蔗糖的性质和熬糖过程中的物理化学变化。据测定,蔗糖在加热的条件下,随温度升高而开始熔化,颗粒由大变小,最终水解生成转化糖(果糖＋葡萄糖)。

当温度上升到100 ℃时,蔗糖与水融合一体,形成黏透明液,此时是制作蜜汁菜肴的最佳温度。当温度上升到110 ℃时,锅中泛起小泡,当蔗糖的加热温度为120～125 ℃时,投入原料,这时就会在原料表面形成白细的结晶,这就是烹制挂霜菜肴的最佳温度。当加热至130 ℃时,缓缓形成大泡,继续加热到160 ℃时,蔗糖由结晶状态变为液态,黏度增加,温度上升到186～187 ℃时,蔗糖骤然变为液体,黏度较小,这是拔丝菜的最佳投料温度。但此时不出丝,当温度下降到100 ℃时,糖液逐渐失去流动性,开始变得稠厚,有明显的可塑性,此时借助于外力作用,便可以出现缕缕细丝,这是制作拔丝菜的关键。如果温度继续下降,蔗糖由半固体变成浅黄棕色的、无定性的玻璃体,这就是人们常称的琉璃菜。

一、蜜汁

蜜汁,是将白糖、冰糖或蜜在适量清水中溶化,与主料融合一体,并渗透于主料而制成的带汁甜菜的烹调方法。蜜汁的命名,大体有两种说法:一种说法是指在调制的甜汁中,使用蜂蜜而得名;另一种说法是指调制的甜汁,味甜如蜜,故称蜜汁。目前多用白糖、冰糖作为甜汁的原料,一般不用或极少用蜂蜜。但冰糖比白糖质好味甜,用冰糖调制甜汁的,大都用于高级主料,也不叫蜜汁,直接冠以冰糖,如冰糖银耳等。

(一)工艺流程

蜜汁冷菜的具体操作方法有三种。

一是将原料经过熟处理后,将糖和水或其他调料熬好至发稠,将其与原料混合一起,出锅晾凉而成。

二是先将糖和水或其他调料熬好,直接浇在经过熟处理的原料上,晾凉而成。

三是将经过熟处理的原料与糖、水或其他调料一起熬煮或蒸至糖汁收浓起泡,晾凉而成。

（二）技术关键

❶ **选料**　蜜汁冷菜的用料,除水果、干果、蔬菜、肉类外,还有银耳、鱼唇、燕窝等山珍海味。

❷ **火候**　熬糖要控制好火候,防止熬焦、熬烂或熬不到火候。

❸ **口味**　糖浆的黏度要适当,以不出丝为宜;甜度以能表现出原料本身的滋味为准,不要使食者感到发腻。

（三）成菜特点

黏稠似蜜,香甜可口。

（四）代表菜肴

蜜汁排骨、蜜汁银杏、蜜汁土豆条等。

二、挂霜

将加工预制的半成品或熟料放入熬好糖浆（较拔丝糖浆略浓）的热锅内,挂匀糖浆,取出迅速冷却,使表面泛起白霜的成菜技法。

（一）工艺流程

挂霜一般包括选料、初步加工、初步熟处理、熬糖浆、投料、翻拌均匀、冷却、装盘等工序。

（1）将经过刀技加工的原料挂糊,然后放入热油锅中炸制成熟,呈金黄色。另起锅熬糖,待糖中的水分基本熬尽时投入主料,裹匀糖汁取出、冷却,待表面凝结成一层糖霜（有的在挂糖浆后放在白糖中拌滚,使之再粘上一层白糖）即可。

（2）挂霜法在有些地区被称为"翻砂""粘糖"等,有的因挂霜的技术不易掌握就不熬糖浆,只在主料上撒上糖粉,也似白霜,它的外观和口感与用熬糖制成的挂霜制品相差甚远。近年来,有些地区在熬糖浆时加入杏仁霜、果珍、奶粉、咖啡、巧克力等,丰富了这种技法的品种和风味。

（二）技术关键

❶ **选料**　应选用新鲜、无虫蛀、不变质的原料。

❷ **初步熟处理**　挂霜的原料必须进行初步熟处理。

❸ **熬制糖浆**　熬制糖浆时火力要小而集中,最好火面小于糖液的液面。

❹ **掌握投入原料的时机**　当糖液熬稠起小泡时,应放入原料并迅速脱离火口、翻动,直至原料粘匀糖液。

（三）成菜特点

挂霜菜色泽洁白似霜,形态美观雅致,口感油润、松脆、干香。

（四）代表菜肴

如挂霜桃仁、挂霜荸荠、雪花土豆、挂霜莲子、挂霜丸子、挂霜排骨、粘糖羊尾等。挂霜代表菜肴见图1-5-1。

三、琉璃

琉璃是将加工预制的半成品原料放入能拔出糖丝的糖浆中,挂匀糖浆,盛入盘内,用筷子拨开,晾凉成菜的技法。琉璃法主要用于制作甜菜,裹在原料上的一层糖浆经晾凉冷凝结成香甜的硬壳,呈现透明棕黄的色泽,类似玛瑙和琉璃,通常称为琉璃甜菜。此法多见于黄河流域一带。如琉璃肉、琉璃苹果、琉璃桃仁等,河南有琉璃藕、琉璃馍等。

（一）工艺流程

琉璃的工艺流程一般包括选料、原料加工、挂糊炸制、裹糖、晾凉、装盘等工序。

14

图 1-5-1　挂霜代表菜肴

（1）琉璃的原料可以是新鲜的水果，也可以选用无异味的动物性原料。

（2）将原料加工成一定形状后，视其性质有的需挂糊（如琉璃肉），有的拍粉后抓浆（如琉璃苹果），有的先经焯水（如琉璃桃仁），有的则不需任何处理，然后过油至熟。

（3）另一个锅熬糖浆，熬时火力要控制适度，动作要快，防止熬制时间过久而出现苦味；糖浆熬成即把原料放入炒勺，使每块料都均匀裹上糖浆，倒在案板上或大盘中，用筷子拨开，晾凉即成。

（4）晾透后，原料表面会均匀结成一层棕黄色、晶莹透亮的琉璃硬壳，这时即可上桌。

（二）技术关键

（1）熬制的糖浆要到可以拔出精丝的程度，欠火或过火，都会影响成品的琉璃色泽和透明度，口感也差。

（2）原料挂浆后应立即倒入洁净瓷盘内，迅速用筷子拨开，不使原料互相粘连。

（3）原料下锅时要及时起锅，翻动均匀，防止余热将糖液熬制过火。

（三）成菜特点

琉璃菜外壳明亮，口感酥脆香甜。

（四）代表菜肴

如琉璃红枣、琉璃苹果、琉璃藕、红果梨丝、琉璃白肉等。

→ 思考与练习

（1）制作冷菜为什么要特别注意卫生要求？其主要要求有哪些？

（2）你认为冷菜烹调方法应如何分类？

（3）炝与拌、卤与酱有何异同？

（4）用泡菜坛制作泡菜时，既要加盖，还要用一圈水来封口，你能推测其中的科学道理吗？

（5）比较腌、泡、糟、醉这四种方法有何异同。

（6）有些教材上所说的"炸收""卤浸"是什么意思？它们属于本教材中的哪种方法？

（7）蜜汁、挂霜、拔丝、琉璃之间有何关系？其基本原理是什么？

（8）炸、炒、烤、熏、蒸等烹调方法既可制作热菜，也可制作冷菜。在制作热菜和冷菜时，这些方法分别有何异同？

冷拼制作

学习目标

1. 熟悉冷拼制作的各种原料并能根据冷拼的要求正确选择原料。
2. 熟悉冷拼造型的一般规律。
3. 能够正确使用冷拼制作工具,并运用各种冷拼刀法。
4. 能够按照操作步骤独立完成各种冷拼作品。
5. 能够正确保存冷拼作品。
6. 学习成员之间能够互相帮助,根据任务完成设计及制作。
7. 能够轻松自然、准确地向他人介绍冷拼作品的特点、寓意。
8. 树立爱岗敬业的职业意识、安全意识、卫生意识。

建议学时:
46学时

工作情境描述

厨房接到酒店销售部下达的晚宴菜单,其中有冷拼菜肴,要求在规定时间完成并上席。

根据以上工作情境,设计学习情境:在实训室内,学生根据老师下达的冷拼学习任务,以小组合作的形式,查询有关资料,制订工作方案,领取原料,运用相关工具设备,按照冷拼的操作流程,完成冷拼制作的工作任务。

小组之间进行互评,老师讲评并进行完整演示,学生再次领取原料,按照之前老师的讲评,独立完成冷拼制作任务,老师进行点评。各小组按照各自的区域分工,进行卫生清扫,并做好相关设备的安全检查。

工作流程与活动

学习活动1　参观冷拼制作间
学习活动2　单拼的制作
学习活动3　双拼的制作
学习活动4　三拼的制作
学习活动5　什锦冷拼的制作
学习活动6　花色冷拼的制作
学习活动7　工作总结、成果展示、经验交流

学习活动 1　参观冷拼制作间

→ 学习目标

1.感知冷拼制作的工作过程,说出冷拼制作常用的工具、设备。
2.能够总结冷拼制作的特点、作用。
3.熟悉冷拼制作的方法,并能够运用于实际工作中。
4.能够对冷拼作品进行正确的保存。

建议学时:4 学时

→ 学习准备

网络、多媒体设备、照相机、多媒体课件、教学参考资料、白板、白板笔等。

→ 学习过程

一、接受任务

参观酒店冷拼制作间,感知酒店冷菜拼摆的环境、生产工艺流程。

(1)在冷拼制作间,一位冷菜厨师正在准备晚上的冷拼菜品,旁边的案台上放着许多已经完成的冷拼菜品,如图 2-1-1 所示。

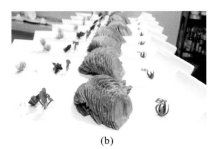

(a)　　　　　　　　　　(b)

图 2-1-1　冷拼制作间的厨师正在进行冷拼制作

(2)厨师正在对冷拼菜品进行装饰美化,见图 2-1-2。

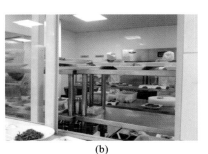

(a)　　　　　　　　　　(b)

图 2-1-2　厨师在装饰美化冷拼菜品

小贴士1

17

（3）什么叫冷拼？

（4）从事冷拼制作的厨师和一般的热菜厨师在卫生要求上有什么不同？

二、认识工具设备及使用

请同学们查阅资料，回答下列问题。

（1）图 2-1-3 展示了从事冷拼制作的工具，请在下面对应位置写出它们的名称。

（　　　）　　　　　　　　（　　　）

（　　　）　　　　　　　　（　　　）

（　　　）　　　　　　　　（　　　）

（　　　）　　　　　　　　（　　　）

图 2-1-3　冷拼制作的工具

（2）冷拼制作中有哪些常用的刀法，请分别写出它们对应的名称。

（3）冷拼制作中有哪些常用的拼摆方法，请分别写出它们对应的名称，并加以解释。

三、成果评价

根据参观过程中观察到的场景以及和厨师互动交流的收获,写出这次参观活动的心得体会。

四、综合评价

填写冷拼制作活动过程评价表,冷拼制作活动过程评价表见表 2-1-1。

表 2-1-1　冷拼制作活动过程评价表

班级		姓名		日期:　年　月　日	
序号	评价指标(每一项 10 分)		自评	组评	师评
1	工具准备的情况				
2	参观过程中是否遵守纪律				
3	参观过程中能否主动交流				
4	同伴之间是否团结协作				
5	能否礼貌地与厨师交流互动				
6	能否及时完成老师布置的任务				
7	能否描述出冷拼制作间的工作环境				
8	能否说出冷菜厨师的主要工作任务				
9	能否说出冷拼制作的主要工具及特点				
10	能否说出冷拼制作工具的使用方法				
备注	每一项 10 分,优秀得 8 分以上,良好 7 分,合格 6 分,不及格 5 分以下,总分=自评(30%)+组评(30%)+师评(40%)				

学习活动 2　单拼的制作

学习目标

1. 能够理解任务通知单的具体内容。
2. 能够运用工具书、互联网等学习资源收集单拼制作相关信息。
3. 能够按照工作要求制订单拼制作的工作方案。
4. 掌握单拼的制作方法与操作要领,以小组协作的形式完成单拼的拼摆。
5. 展示制作的单拼作品,并对作品进行自评和互评。
6. 能做好冷拼岗位的开档准备和收档整理,正确保管冷拼制作工具、原料。
7. 总结和反思学习过程,树立爱岗敬业的职业意识、安全意识、卫生意识。

建议学时:4
学时

学习准备

工具设备:片刀、砧板、各种瓷质平盘、磨石、水盆、抹布、多媒体设备、教学参考资料等。

学习过程

一、白切鸡单拼的制作

(一)接受任务

白切鸡单拼的任务通知单见表 2-2-1。

表 2-2-1　白切鸡单拼的任务通知单

冷拼制作范例	任务名称	选用原料
	白切鸡单拼	白切鸡、洋兰、法香

(二)制订工作方案

(1)同学们查阅资料,根据所查资料,分组讨论并制订工作方案,填入工作方案设计表,每组推荐一名同学对本组制订的方案进行解读。工作方案设计表见附表 1。

(2)学生对设计的工作方案进行自评和互评,教师进行点评,填写工作方案评价表。工作方案评价表见附表 2。

(3)相关知识:冷拼的种类在某种意义上来讲是指冷拼造型的类别。根据冷拼的冷菜原料数量和拼摆形式可以将其分为以下三大类。

①普通冷拼:冷菜原料在五种或五种以下经过一定的加工选用简单的形式拼摆入盘称为普通冷拼。其制作时间相对短一些,因此在实际运用中比较普通,但要求厨师必须具备良好的基本功。从冷菜品种的运用上,普通冷拼又分为单拼、双拼、三拼、四拼、五拼等类型。

a. 单拼:单拼也称单盘、独碟。单拼是以一种可食的冷菜为主拼摆出的冷拼,但不是把冷菜原料简单地堆放在一起,而是运用过硬的刀工技术和熟练的装盘手法,把冷菜原料加工成一定的形状,摆成一定的造型,其特点是整齐美观、堆摆得体,量少而精。如两头低中间高的"桥形",两边低中间高的"三叠水",圆馒头形状的"半圆球形"等。

单拼通常不单独使用。如"四单碟",一般指四个七寸碟盛装三荤一素或两荤两素的熟料,要色味有别,造型各异;"九七寸",是用九个七寸碟子盛装不同风格的冷菜,式样各异,荤素皆备;"十二围碟"是用十二个七寸碟子分别盛装水果及荤素冷菜。这种传统的拼摆方式,讲究时令时鲜,组配恰当,美观迎人。

b. 双拼:双拼又称两拼、对拼,是把两种不同色泽不同质地的冷菜原料拼摆在一个盘内的冷拼。要求色彩分明、装盘整齐、线条清晰,给人一种整体美。常见的装盘形状有花朵形,馒头形。

c. 三拼:三拼是把三种不同的冷拼原料拼摆在一个盘中。其技术程度比单拼复杂一些,装盘形状一般是馒头形、菱形、桥梁形、花朵形等。

d. 四拼、五拼:四拼、五拼属于同一类型,不同的是五拼原料的品种比四拼多了一种,色彩更加鲜艳一些,在拼摆时要注意色彩的搭配合理,故拼摆的方法复杂一些,技术难度大一些。

②什锦拼盘：什锦拼盘是将六种或六种以上不同的冷拼原料通过荤素合理搭配，根据盛器的造型特点经过适当的刀工处理整齐地拼摆在一个盘内。这种冷拼讲究外形整齐、加工精细、色彩协调、口味多变、图案悦目，注意拼摆技巧。常用的装盘形状有花朵形、各种几何图形。

③花色拼盘：花色拼盘又称象形拼盘、造型拼盘、艺术拼盘等。这种拼盘是根据一定的主题精心构思后，采用多种不同的冷拼原料合理搭配，运用不同的拼摆技法，在盛器内拼摆成一定象形图案的冷拼。花色拼盘以优美的造型取悦于人，不仅给人高雅的视觉享受，而且味美可口，深受客人的欢迎。

（三）实施工作方案

（1）白切鸡单拼的拼制步骤如图 2-2-1 所示，认真观察并回答下列问题。

(a)原料准备　　　　(b)原料去骨

(c)改刀修料　　　　(d)碎料垫底

(e)盖面　　　　(f)装饰

图 2-2-1　白切鸡单拼的拼制步骤

①如图 2-2-1(a)所示，此拼盘对于原料的选择有什么样的要求？

②如图 2-2-1(b)所示，白切鸡为什么要做去骨处理？

③如图 2-2-1(c)所示，改刀修料有什么样的要求？

④如图 2-2-1(d)所示，碎料垫底有什么要求？

⑤如图 2-2-1(e)所示，盖面料要怎样摆放才整齐？

⑥如图 2-2-1(f)所示，拼盘还可以如何装饰？

（2）教师讲解操作方法，并示范操作全过程。学生观摩，记录白切鸡单拼制作的重点与难点。

（3）学生根据制订的工作方案，准备冷拼原料，结合老师的演示进行白切鸡单拼的制作练习。

小贴士 2

Note

（四）成果评价

（1）自评。你拼摆的作品存在哪些不足，是什么原因导致的？总结并提出提升拼盘质量的建议，填写冷拼工作任务质量报表。

（2）同学互评。在教师的指导下开展同学互评活动。

（3）教师点评。

（4）填写单拼制作的学习综合评价表。单拼制作的学习综合评价表见表2-2-2。

表2-2-2　单拼制作的学习综合评价表

评价形式	评价指标（每一项10分）	自评	组评	师评
过程性评价	学习准备情况（包括仪容仪表、工具准备等方面）			
	工作方案完成情况（包括工作方案的完整性，文字表达是否清楚，对方案的解读是否完整等）			
	参与实训、主动承担任务情况			
	参与展示并客观评价情况			
	操作规范、遵守实训室"6S"管理规定情况			
菜品质量评价	形态美观，造型饱满、逼真			
	色彩和谐			
	刀工均匀、形态符合造型需要			
	拼摆整齐、刀口整齐、无露底			
	碟面整洁，无污渍、水滴			
总分合计	—			
备注	每一项10分，优秀得8分以上，良好7分，合格6分，不及格5分以下，总分＝自评（30％）＋组评（30％）＋师评（40％）			

（5）按照实训室"6S"管理要求，认真清理打扫工作现场，并将在清理打扫过程中发现的问题记录下来，提出整改措施。

二、蒜泥四季豆单拼的制作

（一）接受任务

蒜泥四季豆单拼的任务通知单见表2-2-3。

表2-2-3　蒜泥四季豆单拼的任务通知单

冷拼制作范例	任务名称	选用原料
	蒜泥四季豆单拼	四季豆、大蒜、盐、法香、洋兰

（二）制订工作方案

（1）同学们查阅资料，根据所查资料，分组讨论并制订工作方案，填入工作方案设计表，每组推荐一名同学对本组制订的方案进行解读。工作方案设计表见附表1。

（2）学生对设计的工作方案进行自评和互评，教师进行点评，填写工作方案评价表。工作方案评价表见附表2。

（3）相关知识。

普通冷拼的步骤：普通冷拼的制作分为垫底、码边、装面和点缀四个步骤。

①垫底：在一般的冷拼中，把刀工处理过程中出现的边角碎料或质地稍次、不成形的块、片、段、丝等原料，垫在盘子中间或堆砌在象形物料底部，行话称为垫底。垫底的作用主要是弥补因造型主题所限而产生的分量不足。垫底要做到平实、贴切，没有味的要先码味再垫，以免影响菜肴的口味质量。同时还要注意，垫底的材料不能过于马虎，要与菜品的款式、规格相适应，特别是高档冷拼，应用优质材料垫底。

②码边：码边也叫盖边。码边在拼盘的拼摆中起着承上启下的作用，是用切下的比较大块的边角料，经过刀工处理成为形状整齐一致的熟料，把垫底碎料的边沿盖上。码边时片与片、条与条之间的距离要匀称，否则会直接影响下一步的装面和拼盘的线条。

③装面：装面又叫盖面、装刀面。把质量最好，切得最整齐，排得匀称美观的熟料，先铲在刀面上，再均匀地排列在垫底的上面，从而把全部碎料、次料盖严，呈现出整个拼盘的形状线条，使整个拼盘显得整齐美观。这个操作程序，行话称装面。装面在整个拼盘中起画龙点睛的作用，它的优劣直接影响着整个拼盘的效果，是一道关键的工序。在装面时应根据原料的性质和拼盘的形状，使用恰当的刀法，运用熟练的拼摆技巧，使拼盘在线条、层次、形态上体现出艺术的形象美。有的拼盘原料如白肚等，应先用重物压平整后再切摆。

④点缀：点缀就是在摆好的拼盘的适当位置再摆上一些可食的装饰物，使菜品美观，对整个拼盘起烘托作用，给食用者以赏心悦目之感。点缀要从冷拼的整体考虑，达到突出主题的目的。切忌喧宾夺主，画蛇添足。

（三）实施工作方案

（1）蒜泥四季豆单拼的拼制步骤如图2-2-2所示，认真观察并回答下列问题。

①如图2-2-2（a）所示，此拼盘对于原料的选择有什么样的要求？

②如图2-2-2（b）所示，原料的刀工成形有什么样的要求？

③如图2-2-2（c）所示，原料焯水有什么样的要求？

④如图2-2-2（d）所示，四季豆还可以如何调味？

⑤如图2-2-2（e）（f）所示，加入的调料有什么比例要求？

⑥如图2-2-2（h）所示，四季豆还可以如何拼摆成形？

（2）教师讲解操作方法，并示范操作全过程。学生观摩，记录蒜泥四季豆单拼制作的重点与难点。

（3）学生根据制订的工作方案，准备冷拼原料，结合老师的演示进行蒜泥四季豆单拼的制作练习。

（四）成果评价

（1）自评。你拼摆的作品存在哪些不足，是什么原因导致的？总结并提出提升拼盘质量的建议，填写冷拼工作任务质量报表。

（2）同学互评。在教师的指导下开展同学互评活动。

（3）教师点评。

（4）填写单拼制作的学习综合评价表。单拼制作的学习综合评价表见表2-2-2。

小贴士3

(a)原料准备　　　　　　　　　(b)刀工成形

(c)原料焯水　　　　　　　　　(d)调味准备

(e)加入蒜蓉、盐　　　　　　　(f)加入香油调味

(g)调味　　　　　　　　　　　(h)拼摆装盘

图 2-2-2　蒜泥四季豆单拼的拼制步骤

（5）按照实训室"6S"管理要求，认真清理打扫工作现场，并将在清理打扫过程中发现的问题记录下来，提出整改措施。

→ 技能拓展

一、单拼作品欣赏

单拼作品见图 2-2-3。

二、单拼作品设计与制作

根据本节所学内容设计并制作另一款创意类单拼作品。

(a)　　　　　　　　　　(b)

(c)　　　　　　　　　　(d)

图 2-2-3　单拼作品

学习活动 3　双拼的制作

▶ 学习目标

1.能够理解任务通知单的具体内容。

2.能够运用工具书、互联网等学习资源收集双拼制作相关信息。

3.能够按照工作要求制订双拼制作的工作方案。

4.掌握双拼的制作方法与操作要领,以小组协作的形式完成双拼的拼摆。

5.展示制作的双拼作品,并对作品进行自评和互评。

6.能做好冷拼岗位的开档准备和收档整理,正确保管冷拼制作工具、原料。

7.总结和反思学习过程,树立爱岗敬业的职业意识、安全意识、卫生意识。

建议学时:6
学时

▶ 学习准备

工具设备:片刀、砧板、圆碟、腰形长碟、雕刻刀、磨石、水盆、毛巾、多媒体设备、教学参考资料等。

▶ 学习过程

一、球形双拼的制作

(一)接受任务

球形双拼的任务通知单见表 2-3-1。

25

表 2-3-1　球形双拼的任务通知单

冷拼制作范例	任务名称	选用原料
	球形双拼	方火腿、白萝卜、食盐

（二）制订工作方案

（1）同学们查阅资料，根据所查资料，分组讨论并制订工作方案，填入工作方案设计表，每组推荐一名同学对本组制订的方案进行解读。工作方案设计表见附表1。

（2）学生对设计的工作方案进行自评和互评，教师进行点评，填写工作方案评价表。工作方案评价表见附表2。

（3）相关知识。

冷拼拼摆的基本原则：讲究卫生，提倡节约，合理用料。冷拼由于原料预先成熟和制作的特点，容易造成二次污染；初学冷拼制作者，往往不注意节约原料，造成浪费，因此冷拼拼摆要重视卫生、节约。

①卫生原则：冷拼以熟食原料加工成形，卫生要求高，要求制作者二次更衣、戴口罩、手套，器皿严格消毒处理。所选用原料要符合卫生要求，禁止使用人工合成色素。冷拼是宴席的第一道菜，它色彩艳丽，形状美观，品尝的时间较长，所以冷拼拼摆提倡现点现做。预订宴席冷拼，提前半个小时制作；主题艺术冷拼一般提前2个小时制作。在制作中以简洁、明快的手法为佳，运用现代厨房设备对食物进行加工和保管。

②节约原则：餐饮经营讲究成本核算，提倡节约，反对浪费。控制原料成本，在制作冷拼中应注意合理使用原料，如双色拼盘，选用200克方火腿原料，做成造型饱满的冷拼，需要将原料充分利用，刀面后的边角料可作为垫底原料。要做到合理用料，还必须提高刀工技术，修料一步到位，切成的片原料规整。合理用料还要充分利用原料制作冷菜，做到物尽其用，如鸡爪、鸭头等下脚料可以制作美味可口的冷菜。花色单盘、主题艺术冷拼用料较多，应充分利用。制作主盘多余的原料可以作为点缀料，既能做到合理用料，又能提高冷拼制作技艺。合理保管冷拼原料、讲究卫生，也是节约成本的重要措施。

（三）实施工作方案

（1）球形双拼的拼制步骤如图 2-3-1 所示，认真观察并回答下列问题。

①如图 2-3-1(a)所示，此拼盘还可以选择什么样的原料？

②如图 2-3-1(b)所示，白萝卜腌制入味有什么样的要求？

③如图 2-3-1(c)(d)所示，方火腿改刀的形状有什么要求？

④如图 2-3-1(e)所示，切出片状料后的边角料应该怎样进行刀工处理？

⑤如图 2-3-1(f)所示，刀面料垫底要怎样摆放？

⑥如图 2-3-1(g)所示，刀面料摆出第二个扇面时有什么要求？

⑦如图 2-3-1(h)所示，堆放在半圆形的另一半的白萝卜丝在造型上有什么样的要求？

(a)原料准备　　　(b)腌制入味　　　(c)改刀修料

(d)改刀修垫底料　　　(e)片状料垫成半圆形垫底

(f)摆出第一个扇面　　　(g)摆出第二个扇面

(h)白萝卜丝堆放在另一半　　　(i)修整装饰

图 2-3-1　球形双拼的拼制步骤

⑧如图 2-3-1(i)所示,这样的拼盘还可以采用怎样的方式进行装饰点缀?

(2)教师讲解操作方法,并示范操作全过程。学生观摩,记录球形双拼制作的重点与难点。

(3)学生根据制订的工作方案,准备冷拼原料,结合老师的演示进行球形双拼的制作练习。

(四)成果评价

(1)自评。你拼摆的作品存在哪些不足,是什么原因导致的? 总结并提出提升拼盘质量的建议,填写冷拼工作任务质量报表。

(2)同学互评。在教师的指导下开展同学互评活动。

(3)教师点评。

(4)填写双拼制作的学习综合评价表。双拼制作的学习综合评价表见表 2-3-2。

(5)按照实训室"6S"管理要求,认真清理打扫工作现场,并将在清理打扫过程中发现的问题记录下来,提出整改措施。

小贴士 4

表 2-3-2　双拼制作的学习综合评价表

评价形式	评价指标（每一项 10 分）	自评	组评	师评
过程性评价	学习准备情况（包括仪容仪表、工具准备等方面）			
	工作方案完成情况（包括工作方案的完整性，文字表达是否清楚，方案解读是否完整等）			
	参与实训、主动承担任务情况			
	参与展示并客观评价情况			
	操作规范、遵守实训室"6S"管理规定情况			
菜品质量评价	形态美观、造型饱满、逼真			
	色彩搭配和谐、有明暗对比			
	刀工均匀、形态符合造型需要			
	拼摆整齐、刀口整齐、无露底			
	碟面整洁、无污渍、水滴			
总分合计	—			
备注	每一项 10 分，优秀得 8 分以上，良好 7 分，合格 6 分，不及格 5 分以下，总分＝自评（30%）＋组评（30%）＋师评（40%）			

二、桥形双拼的制作

（一）接受任务

桥形双拼的任务通知单见表 2-3-3。

表 2-3-3　桥形双拼的任务通知单

冷拼制作范例	任务名称	选用原料
	桥形双拼的制作	方火腿、白萝卜、食盐

（二）制订工作方案

（1）同学们查阅资料，根据所查资料，分组讨论并制订工作方案，填入工作方案设计表，每组推荐一名同学对本组制订的方案进行解读。工作方案设计表见附表 1。

（2）学生对设计的工作方案进行自评和互评，教师进行点评，填写工作方案评价表。工作方案评价表见附表 2。

（3）相关知识：冷拼制作的作用。中国菜品以色、香、味、形俱佳而著称世界，其中素有"宴席脸面"之称的冷拼风味独特，自成一体，以造型精巧、刀工娴熟、口味丰富，赢得食者的欢迎和赞赏。在宴会上，冷拼不会因菜品温度的变化而影响滋味，能适应宾主边食边谈的习惯，是理想的配酒佳肴，尤其在高级宴席和盛大宴会上，其地位就显得更重要，同时促进了中国烹饪向新的高度发展。其作用主要表现在以下几个方面。

①美化菜品,增进食欲:一些普通的冷拼原料,经过厨师精心地构思和细致地拼制,可以拼摆成色彩绚丽、形态美观、滋味鲜美的冷拼作品,它能使食者赏心悦目、食欲大开。

②赏心悦目,烘托气氛:冷拼制作选用的原料大多色彩鲜艳,同时采用围、叠、排、拼等多种手法,在大圆盘、大长盘或其他盛装器皿上,摆出千姿百态的花卉、动物、植物、风景、人物等图案,令人赏心悦目。另外,制作者通过精心设计,全面构思,制作出主题形态突出、色调明快、造型栩栩如生、仪态万千的艺术拼盘,不仅直接影响赴宴者对整个宴席的评价,而且使其在视觉和味觉上获得美的享受,兴趣盎然,心情愉快,为活跃宴席的气氛起着锦上添花的作用。

③陶冶情操,增加艺术感染力:冷拼制作的内容可以激励人们热爱生活,奋发向上,并且可以结合宴会的形式,表现出一定的主题思想,加深和增进宾主之间的友谊。如五彩缤纷的"迎宾花篮",表示对宾客的热烈欢迎的感情;美丽多姿的"孔雀开屏"象征着友谊和幸福;生龙活虎的"龙虎图"寓意着威风凛凛的斗志。另外,众多紧扣宴会主题的冷拼,已成为艺术作品,其款式新颖、立意鲜明、形态活跃、富有创意,增加了宴会的雅兴和艺术感染力,达到烘托宴会气氛的艺术效果。

④丰富品种,调剂口味:冷拼采用各种原料,用酱、卤、拌、白煮等烹调方法制作出口味、口感各异的菜品,既增加了菜肴品种,又丰富了宴席的内容。冷拼的口味和口感也是衡量冷拼质量的一个指标。口味应干香无汤、脆嫩鲜醇、爽口不腻、利于食用。口感传统以嫩为主,应清脆爽口,不宜烂腻。

⑤提前准备,展示技艺:冷拼不像热菜那样需要随炒随吃,可以提前准备,可适当缓解饭店人员不足、时间紧张、厨房设备不足的矛盾。

(三)实施工作方案

(1)桥形双拼的拼制步骤如图2-3-2所示,认真观察并回答下列问题。

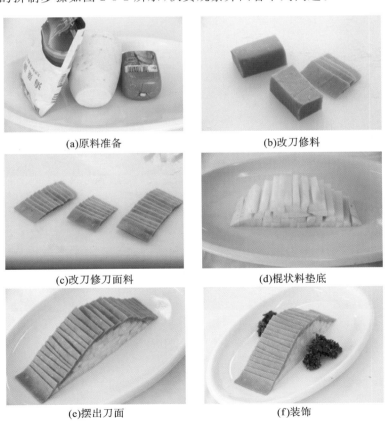

(a)原料准备　　　　　　　　　　(b)改刀修料

(c)改刀修刀面料　　　　　　　　(d)棍状料垫底

(e)摆出刀面　　　　　　　　　　(f)装饰

图2-3-2　桥形双拼的拼制步骤

①此拼盘对于白萝卜和方火腿的原料选择有什么样的要求？

②如图 2-3-2(b)所示，方火腿的刀工成形有什么样的要求？

③如图 2-3-2(c)所示，方火腿为什么要处理成长方形？

④如图 2-3-2(d)所示，作为垫底料的白萝卜刀工成形有什么样的要求？垫底料要怎样拼摆？

⑤如图 2-3-2(e)所示，刀面料要怎样摆放才整齐美观？

⑥如图 2-3-2(f)所示，这样的拼盘还可以采用怎样的方式进行装饰点缀？

（2）教师讲解操作方法，并示范操作全过程。学生观摩，记录桥形双拼制作的重点与难点。

（3）学生根据制订的工作方案，准备冷拼原料，结合老师的演示进行桥形双拼的制作练习。

（四）成果评价

（1）自评。你拼摆的作品存在哪些不足，是什么原因导致的？总结并提出提升拼盘质量的建议。填写冷拼工作任务质量报表。

（2）同学互评。在教师的指导下开展同学互评活动。

（3）教师点评。

（4）填写双拼制作的学习综合评价表。双拼制作的学习综合评价表见表 2-3-2。

（5）按照实训室"6S"管理要求，认真清理打扫工作现场，并将在清理打扫过程中发现的问题记录下来，提出整改措施。

→ **技能拓展**

一、双拼作品欣赏

双拼作品见图 2-3-3。

(a)　　　　　　　　　　(b)

(c)　　　　　　　　　　(d)

图 2-3-3　双拼作品

二、双拼作品设计与制作

根据本节内容学习所得设计并制作另一款双拼作品。

学习活动 4　三拼的制作

 学习目标

1.能够理解任务通知单的具体内容。
2.能够运用工具书、互联网等学习资源收集三拼制作的相关信息。
3.能够按照工作要求制订三拼制作的工作方案。
4.掌握三拼的制作方法与操作要领,以小组协作的形式完成三拼的制作。
5.展示制作的三拼作品,并对作品进行自评和互评。
6.能做好冷拼岗位的开档准备和收档整理,正确保管冷拼制作工具、原料。
7.总结和反思学习过程,树立爱岗敬业的职业意识、安全意识、卫生意识。

建议学时:8
学时

 学习准备

工具设备:片刀、磨石、砧板、长方凹形碟、水盆、抹布、多媒体设备、教学参考资料等。

学习过程

一、环形三拼的制作

(一)接受任务

环形三拼的任务通知单见表 2-4-1。

表 2-4-1　环形三拼的任务通知单

冷拼制作范例	任务名称	选用原料
	环形三拼	扎蹄、红肠、白切鸡、法香、洋兰

(二)制订工作方案

(1)同学们查阅资料,根据所查资料,分组讨论并制订工作方案,填入工作方案设计表,每组推荐一名同学对本组制订的方案进行解读。工作方案设计表见附表1。

(2)学生对设计的工作方案进行自评和互评,教师进行点评,填写工作方案评价表。工作方案评价表见附表2。

(3)相关知识:冷拼的基本要求。

冷拼是经烹调好的冷菜原料按一定规格要求,组装在一定形状的盛器中的一项技艺,它是一种装饰造型艺术,需要操作者不但要有熟练的刀工技术和装盘技巧,还要具备一定的艺术素养,理解和掌握冷拼制作的要求。冷拼的基本要求包括以下几点。

①有益于食用：制作冷菜的目的是为了食用，从而达到养身健体的作用，冷拼的目的更是为了使人们在食用过程中得到一种视觉上的精神享受，所以不管拼摆制作什么样的冷拼，应以食用为前提，同时兼顾色、香、味、形的合理组合，避免制作一些华而不实的冷拼。

②协调美观：冷拼是否协调美观，主要是色彩协调搭配的视觉效果。冷拼色泽的好坏，不仅影响外观美，而且关系到能否刺激人们的食欲，因此，要注意不同原料色彩间的搭配和衬托，要根据冷拼作品的要求，充分利用各种原料所具备的色泽，运用色彩的色相对比、明暗对比、冷暖对比、补色对比等原理合理搭配出色彩鲜艳、素雅大方、和谐悦目的作品，作品的色彩要与实际相符合，切忌同一种原料颜色重复使用。

③硬面和软面的结合：所谓硬面，是指用质地较为坚实，经过刀工处理后具有特定形状的原料排列而成的整齐且具有节奏感的表面；所谓软面，是指不能整齐排列的比较细小的原料，堆砌起来所形成的不规则的表面。各种冷菜中硬面、软面都应结合使用，以达到相互衬托的作用，硬面与软面是两种表面形状不同的原料，在组合中注意衔接得当。接口处平整、不漏空缺，如酱牛肉、海蜇丝的双拼就是软硬面的结合。

④冷拼形式多样化：一桌酒席中一般都有几个冷拼，拼盘时不能千篇一律，否则会显得单调呆板，必须运用多种刀法和手法，拼摆成多样图案，使之多姿多彩，引人入胜。

⑤选用好盛器：俗话说"美食不如美器"，说明盛器的选用对冷拼的拼摆是非常重要的，盛器的选择也是冷拼中重要内容之一。盛器的外形同原料摆成的形状、图案要协调，盛器的颜色同原料本身的色彩要和谐，这对于冷拼的外观都有很大影响，所以要选择好盛器。如拼制单拼最好选用带有花纹、花边的小型容器，它可以起到自然点缀的作用，拼制花色拼盘应选择白色或浅色花纹的盛器，这样可以使拼出的图案形象清晰悦目，富有艺术美。

⑥防止菜与菜之间串味：冷拼是各种冷菜组装在一个盛器内，较容易出现菜与菜之间的相互串味而影响成品的质量。所以采用不同的拼摆手法将浓味菜品与淡味菜品相隔，无汁菜品与有汁菜品相隔，味型相近菜品相拼摆，使同一冷拼内的各种菜品各显其味，突出风味特色。

⑦注意营养、讲究卫生：饮食的目的是摄取营养，满足人体生理需要。随着社会科学技术的不断发展，人们对饮食营养成分的需求将会更趋于科学化、系统化、合理化，因此，在冷拼制作时，要根据饮食对象年龄、性别、工作、身体状况的不同合理设计出不同标准的冷拼。注意荤素间的搭配，以及各种原料之间营养成分的搭配。在拼摆组合过程中要讲究原料卫生、个人卫生和工作环境卫生。冷拼应随拼随食，拼制过程中要尽量缩短时间，以免菜品受到污染。生食原料不能与熟食类食品混摆，以免引起食物中毒，冷拼成品最好用保鲜膜封存。

⑧节约原料：冷拼原料虽然十分讲究但不能浪费原料，拼摆过程中要合理用料，在保证质量、形态的前提下尽量减少不必要的浪费，做到大料大用，小料小用，碎料充分利用。哪些原料可用来垫底，哪些原料可用来盖面等都要心中有数，做到物尽其用。

（三）实施工作方案

（1）环形三拼的拼制步骤如图 2-4-1 所示，认真观察并回答下列问题。

①如图 2-4-1(a)(b)所示，该拼盘对于原料的选择有什么样的要求？

②如图 2-4-1(b)所示，除了鸡胸肉，还可以选择哪些原料？

③如图 2-4-1(c)所示，鸡胸肉还可以做成什么样的盖面料？

④如图 2-4-1(d)所示，鸡胸肉的边角料垫底有什么样的要求？

⑤如图 2-4-1(e)(g)所示，刀面料的处理有什么样的要求？

⑥如图 2-4-1(f)(i)所示，刀面料垫底要怎样摆放？

⑦如图 2-4-1(j)所示，盖面料要怎样进行刀工处理？

(a)原料准备 1　　　　　　　　　　　(b)原料准备 2

(c)原料改刀修料　　　　　　　　　　(d)边角料垫底

(e)改刀修刀面料 1　　　　　　　　　(f)摆出右边刀面

(g)改刀修刀面料 2　　　　　　　　　(h)刀面料成形

(i)摆出左边刀面　　　　　　　　　　(j)切出盖面料

图 2-4-1　环形三拼的拼制步骤

(k)摆出盖面料

(l)装饰

续图 2-4-1

⑧如图 2-4-1(j)所示,盖面料有什么样的要求?

⑨如图 2-4-1(l)所示,拼盘除了这种装饰方式外,还可以怎样装饰?

(2)教师讲解操作方法,并示范操作全过程。学生观摩,记录环形三拼制作的重点与难点。

(3)学生根据制订的工作方案,准备冷拼原料,结合老师的演示进行环形三拼的制作练习。

(四)成果评价

(1)自评。你拼摆的作品存在哪些不足,是什么原因导致的? 总结并提出提升拼盘质量的建议。填写冷拼工作任务质量报表。

(2)同学互评。在教师的指导下开展同学互评活动。

(3)教师点评。

(4)填写三拼制作的学习综合评价表。三拼制作的学习综合评价表见表 2-4-2。

(5)按照实训室"6S"管理要求,认真清理打扫工作现场,并将在清理打扫过程中发现的问题记录下来,提出整改措施。

小贴士6

表 2-4-2 三拼制作的学习综合评价表

评价形式	评价指标(每一项 10 分)	自评	组评	师评
过程性评价	学习准备情况(包括仪容仪表、工具准备等方面)			
	工作方案完成情况(包括工作方案的完整性,文字表达是否清楚,对方案的解读是否完整等)			
	参与实训、主动承担任务情况			
	参与展示并客观评价情况			
	操作规范、遵守实训室"6S"管理规定情况			
菜品质量评价	形态美观,造型饱满、逼真			
	色彩搭配和谐、有明暗对比			
	刀工均匀、形态符合造型需要			
	拼摆整齐、刀口整齐、无露底			
	碟面整洁,无污渍、水滴			
总分合计	—			
备注	每一项 10 分,优秀得 8 分以上,良好 7 分,合格 6 分,不及格 5 分以下,总分=自评(30%)+组评(30%)+师评(40%)			

二、并列形三拼的制作

(一)接受任务

并列形三拼的任务通知单见表 2-4-3。

表 2-4-3　并列形三拼的任务通知单

冷拼制作范例	任务名称	选用原料
	并列形三拼	扎蹄、红肠、叉烧

(二)制订工作方案

(1)同学们查阅资料,根据所查资料,分组讨论并制订工作方案,填入工作方案设计表,每组推荐一名同学对本组制订的方案进行解读。工作方案设计表见附表 1。

(2)学生对设计的工作方案进行自评和互评,教师进行点评,填写工作方案评价表。工作方案评价表见附表 2。

(3)相关知识:冷拼常用的刀法。

①锯刀和直刀相结合:用来切经过熟制的肉类,易切出需要的形状,如只用一种刀法就难以切出整齐的肉面,不同质地的肉应采用不同的刀法。嫩软的肥肉要用锯刀法,质地脆硬的瘦肉可用直刀法,这两种刀法结合起来使用,切出来的肉面才能光滑整齐,如什锦拼盘所用的牛肉、火腿等,就应该用锯刀法、直刀法两种方法,先锯切表面软的原料,待刀刃进入 1/3 时再直刀切下去,以保证原料表面的光滑美观,两种刀法恰当地变换使用就能使冷拼更富有艺术感染力。

②劈、拍、斩、剁相结合:常在切配一些带骨的原料时运用劈、拍、斩、剁这几种刀法,其中以剁为主,剁原料时,为防止原料跳动,有时先要进行拍或劈,然后再剁,如切盐水鸭,应将刀从鸭的前部肉厚处切入,在竖起的刀背上用手拍击使其分开,然后再一刀一刀剁下来。

③滚刀切:滚刀切一般是把原料切成一边厚一边薄,这样易于入味。美观大方的滚刀切常用于萝卜、莴苣、竹笋、茭白等根茎类原料。如制作海南风光拼盘用滚刀切的方法切几块像山一样的萝卜摆在盘中,可以给人们一种既抽象又具体的感觉。

④抖刀法:抖刀法是冷拼切配中进行平刀切或斜刀切时上下抖动,使其所切刀面呈波浪形的刀纹的一种方法。例如,切卤豆腐干时就用抖刀法切成片,然后再切成条,这样截面就可成锯齿形。

⑤雕刻法:冷拼中以雕刻原料为主,雕刻成形的原料可以直接配入冷拼之中,既增加色彩,又给人以美的享受。

(三)实施工作方案

(1)并列形三拼的拼制步骤如图 2-4-2 所示,认真观察并回答下列问题。

①如图 2-4-2(a)所示,该拼盘对于原料的选择有什么样的要求?

②如图 2-4-2(b)(c)所示,刀面料的处理有什么样的要求?

③如图 2-4-2(d)所示,刀面料垫底要怎样摆放?

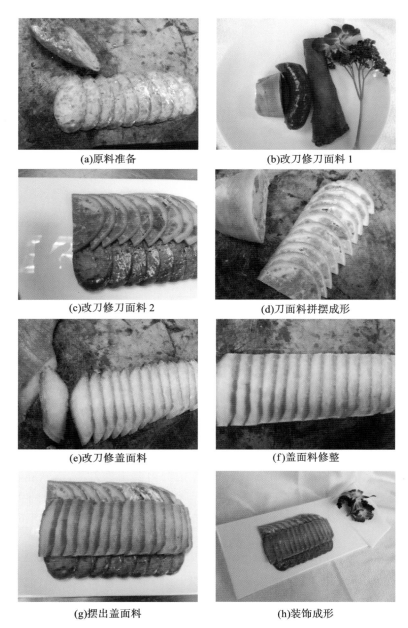

(a)原料准备

(b)改刀修刀面料 1

(c)改刀修刀面料 2

(d)刀面料拼摆成形

(e)改刀修盖面料

(f)盖面料修整

(g)摆出盖面料

(h)装饰成形

图 2-4-2 并列形三拼的拼制步骤

④如图 2-4-2(e)所示，盖面料要怎样进行刀工处理？

⑤如图 2-4-2(f)所示，盖面料为什么要进行这样的修整？

⑥如图 2-4-2(g)所示，盖面料有什么样的要求？

⑦如图 2-4-2(h)所示，拼盘除了这种装饰方式外，还可以怎样装饰？

（2）教师讲解操作方法，并示范操作全过程。学生观摩，记录并列形三拼制作的重点与难点。

（3）学生根据制订的工作方案，准备冷拼原料，结合老师的演示进行并列形三拼的制作练习。

（四）成果评价

（1）自评。你拼摆的作品存在哪些不足，是什么原因导致的？总结并提出提升拼盘质量的建议。填写冷拼工作任务质量报表。

（2）同学互评。在教师的指导下开展同学互评活动。

小贴士 7

（3）教师点评。

（4）填写三拼制作的学习综合评价表。三拼制作的学习综合评价表见表 2-4-2。

（5）按实训室"6S"管理要求，认真清理打扫工作现场，并将清理打扫过程中发现的问题记录下来，提出整改措施。

→ 技能拓展

一、三拼作品欣赏

三拼作品见图 2-4-3。

(a)　　　　　　　　　　(b)

(c)　　　　　　　　　　(d)

图 2-4-3　三拼作品

二、三拼作品设计与制作

根据本节所学内容设计并制作另一款三拼作品。

学习活动 5　什锦拼盘的制作

→ 学习目标

1. 能够理解任务通知单的具体内容。
2. 能够运用工具书、互联网等学习资源收集什锦拼盘制作相关信息。
3. 能够按照工作要求制订什锦拼盘制作的工作方案。
4. 掌握什锦拼盘的制作方法与操作要领，以小组协作的形式完成什锦拼盘的拼摆。
5. 展示制作的什锦拼盘作品，并对作品进行自评和互评。
6. 能做好冷拼岗位的开档准备和收档整理，正确保管冷拼制作工具、原料。

7.总结和反思学习过程,树立爱岗敬业的职业意识、安全意识、卫生意识。

学习准备

工具设备:片刀、砧板、圆碟、雕刻刀、磨石、水盆、毛巾、多媒体设备、教学参考资料等。

学习过程

一、环形什锦拼盘的制作

（一）接受任务

环形什锦拼盘的任务通知单见表 2-5-1。

表 2-5-1　环形什锦拼盘的任务通知单

冷拼制作范例	任务名称	选用原料
	环形什锦拼盘的制作	方火腿、扎蹄、红肠、胡萝卜、红心萝卜、黄瓜、食盐

（二）制订工作方案

（1）同学们查阅资料,根据所查资料,分组讨论并制订工作方案,填入工作方案设计表,每组推荐一名同学对本组制订的方案进行解读。工作方案设计表见附表 1。

（2）学生对设计的工作方案进行自评和互评,教师进行点评,填写工作方案评价表。工作方案评价表见附表 2。

（3）相关知识:冷拼制作的特点。

①选料的特点:冷拼制作所用的原料要根据菜品的需要精心挑选,为烹制美味佳肴提供条件,选择原料适合的部位及原料的生产季节非常重要。选料时,要根据造型图案的自然色调,尽量运用原料的本色,如造型图案需要红色,可选用卤猪心、火腿、红辣椒等,运用原料的本色美化菜品的造型,更可体现其形态的优美和真实感。

②配色的特点:冷拼制作的特色是为美化菜品服务的,应以色调和谐、增进食欲、富于营养为原则。在总体构思的范围内,视图案的内容和不同菜品的具体情况,正确运用色彩。色彩运用得好,不仅能使菜品更加美观,而且能突出造型构思的精巧,更加鲜明、准确地表达艺术形象,使之具有更强的感染力、更高的艺术性。如果违反食物的本来面目进行人为地艺术加工,搞五颜六色的堆砌,就会弄巧成拙,得到相反的效果。

③风味的特点:冷拼和热菜都要突出"鲜香",不同的是热菜的"鲜香"一进口立即就能感觉到;冷拼的"鲜香"进口以后才逐渐感觉到,味透肌里,越嚼越香,食后唇齿留香。冷拼使用的原料应根据季节的变化和宾客的爱好选用不同的味型。

④刀工上的特点:冷拼造型一般是原料烹制成熟后,切配装盘上桌,不但在整齐、美观方面比切生料要求更高,而且比切生料的难度更大,因为原料经熟制加工后比较酥软,不易切出美观的形态。

因此,更应根据熟料的不同性质,灵活处理,成形原料的厚薄、粗细、长短均要求一致。冷拼制作技艺是与刀工法紧密配合的,无论什么款式的拼盘,都必须根据所用原料的固有形态,按照图形的需要,算好尺寸,边切边摆,切摆结合,不要全部切好才拼摆,以免原料干缩变形,难以摆得贴切。

⑤烹调的特点:冷拼与热菜在烹调上的区别是绝大部分冷拼不挂糊上浆,不勾芡;有些冷拼只调不烹;冷拼还具有香嫩、不腻的特点。冷拼的烹制方法有热制冷吃和冷制冷吃两种,大多是烹调后切配,可以大批量制作,多次使用。常用的烹调方法有拌、炝、腌、醉、糟、泡、盐水煮、卤、酱、冻、蒸等。

⑥装盘上的特点:装盘时要考虑口味之间的配合,尤其是花色拼盘、什锦拼盘,要注意将味浓的和味淡的、汁多的和汁少的分开,以免串味儿;要考虑冷拼与盛器之间的配合,盛器的色彩和冷拼的颜色也要协调一致,如盐水鸭,用洁白盘装和用有花边图案的盘装,给人的感觉不一样,前者显得单调,后者较为悦目。

⑦食用卫生上的特点:冷拼的品种繁多,原料有荤有素,有生有熟。在切配装盘过程中,工序繁多,而且直接供食用,可以作为柜台、橱窗的陈列品,展示菜品的精巧艺术。有时为了点缀和衬托菜品,常用各种生原料制作的雕刻件装饰。为此,操作前要洗手,工具、用具、抹布要消毒,拼摆用的砧板、刀具要专用,防止细菌污染。各种不同颜色、质地的材料,要分别妥善保管。拼摆好的成品要放入冷藏柜,不要接近生料。

(三)实施工作方案

(1)环形什锦拼盘的拼制步骤如图 2-5-1 所示,认真观察并回答下列问题。

①如图 2-5-1(a)所示,拼盘对于原料选择有什么要求?

(a)原料准备　　　　　　　　　(b)方火腿改刀修料

(c)方火腿切片状料　　　　　　　(d)红肠改刀修料

(e)边角料垫底　　　　　　　　　(f)摆出第一个扇面

图 2-5-1　环形什锦拼盘的拼制步骤

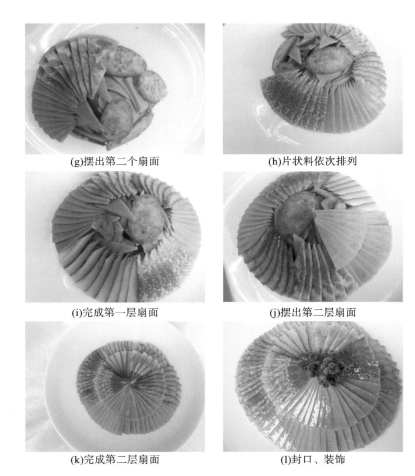

(g)摆出第二个扇面　　　　　　(h)片状料依次排列

(i)完成第一层扇面　　　　　　(j)摆出第二层扇面

(k)完成第二层扇面　　　　　　(l)封口、装饰

续图 2-5-1

②如图 2-5-1(b)所示,方火腿的刀工成形有什么样的要求?

③如图 2-5-1(b)所示,方火腿为什么要在砧板上摆成环形?

④如图 2-5-1(d)所示,红肠的刀工成形有什么样的要求?

⑤如图 2-5-1(e)所示,边角料垫底造型有什么要求?

⑥如图 2-5-1(f)(g)(h)(i)所示,刀面的拼摆有什么样的要求,要怎样摆放才整齐美观?

⑦如图 2-5-1(j)(k)所示,第二层扇面有什么要求?

⑧如图 2-5-1(l)所示,拼盘还可以采用怎样的方法封口、装饰?

(2)教师讲解操作方法,并示范操作全过程。学生观摩,记录环形什锦拼盘制作的重点与难点。

(3)学生根据制订的工作方案,准备冷拼原料,结合老师的演示进行环形什锦拼盘的制作练习。

(四)成果评价

(1)自评。你拼摆的作品存在哪些不足,是什么原因导致的? 总结并提出提升拼盘质量的建议。填写冷拼工作任务质量报表。

(2)同学互评。在教师的指导下开展同学互评活动。

(3)教师点评。

(4)填写什锦拼盘制作的学习综合评价表。什锦拼盘制作的学习综合评价表见表 2-5-2。

(5)按照实训室"6S"管理要求,认真清理打扫工作现场,并将在清理打扫过程中发现的问题记录下来,提出整改措施。

小贴士 8

表 2-5-2　什锦拼盘制作的学习综合评价表

评价形式	评价指标(每一项 10 分)	自评	组评	师评
过程性评价	学习准备情况(包括仪容仪表、工具准备等方面)			
	工作方案完成情况(包括工作方案的完整性,文字表达是否清楚,对方案的解读是否完整等)			
	参与实训、主动承担任务情况			
	参与展示并客观评价情况			
	操作规范、遵守实训室"6S"管理规定情况			
菜品质量评价	形态美观,造型饱满、逼真			
	色彩搭配和谐、有明暗对比			
	刀工均匀、形态符合造型需要			
	拼摆整齐、刀口整齐、无露底			
	碟面整洁,无污渍、水滴			
总分合计	—			
备注	每一项 10 分,优秀得 8 分以上,良好 7 分,合格 6 分,不及格 5 分以下,总分＝自评(30%)＋组评(30%)＋师评(40%)			

二、花形什锦拼盘的制作

(一)接受任务

花形什锦拼盘的任务通知单见表 2-5-3。

表 2-5-3　花形什锦拼盘的任务通知单

冷拼制作范例	任务名称	选用原料
	花形什锦拼盘的制作	方火腿、扎蹄、红肠、胡萝卜、红心萝卜、黄瓜、食盐

(二)制订工作方案

(1)同学们查阅资料,根据所查资料,分组讨论并制订工作方案,填入工作方案设计表,每组推荐一名同学对本组制订的方案进行解读。工作方案设计表见附表1。

(2)学生对设计的工作方案进行自评和互评,教师进行点评,填写工作方案评价表。工作方案评价表见附表2。

(3)相关知识:冷拼的原则。

①设计要有针对性:在设计筵席冷拼时,尽量了解宾客的国籍、所在地区、职业、年龄、宗教信仰、饮食习惯及主宾的喜好和禁忌等,根据筵席的特点、标准、人数和对象,按一定规格进行安排,针对宾客的不同要求,选用恰当的原料和冷拼造型,才能取得好的效果。

②要有地方特色：目前我国筵席上使用的冷拼在形式上虽然大同小异，但各地在原料运用、烹制过程、口味变化上有其地方特色。只有保持冷拼的地方特色，才能有效吸引宾客，提高饭店声誉，增加企业的经济效益。

③要有季节性：在制作艺术拼盘时，应注意季节性，冷拼制作的季节性主要表现在两个方面：一是根据季节的变化选用时令原料制作，因为正当上市的原料不但质量好，而且能给人一种新鲜感。二是烹调方法应随季节而变化，冷拼与热菜一样，烹调方法也应随季节而变化，春天是大地回春、百花齐放的季节，可以多拼花卉形状的冷拼，给人以满园春色的感觉；夏天可用荷花、玉兰等花卉形状；秋天多用菊花、桂花等形状；冬天宜用梅花形状。

④要有科学性：冷拼制作时不仅要在色、香、味、形、器等方面合理搭配，还必须了解市场行情和饭店的库存情况，保证原料的供应，要根据饭店的技术力量设计艺术拼盘。

⑤要加强成本核算：冷拼制作费料费工，各种筵席的价格标准不同，毛利幅度也不一样，所以应根据装盘艺术的高低和原料质量的优劣，加强成本核算，调整冷拼的品种。

⑥食用和审美相结合：食用和审美相结合是冷拼的一项重要原则。冷拼必须以食用价值为主，观赏价值为辅。在冷拼制作过程中，两者要有机地结合，观之心旷神怡，食之津津有味，相互依存，相互制约，要注重可食性，食用是它的主要方面，切忌单纯追求观赏性，同时要避免只考虑食用价值，忽视冷拼的艺术美。

⑦形态优美：冷拼的形状应以使人赏心悦目为原则，要根据宾客的国籍、所在地区、年龄、宗教信仰、饮食习惯及宾客的喜好和禁忌等情况有针对性地运用冷拼图案。

⑧刀工精细：冷拼是否美观，取决于刀工精细与否。其原则是根据冷拼的不同性质采用不同的刀法，各种原料形状应长短一致、厚薄均匀，做到整齐划一、干净利落，切忌有连刀现象，对原料成形要考虑到便于食用，娴熟的刀工及手法是表现和塑造冷拼艺术形体的重要环节。因此，能在实践中灵活运用刀工，是冷拼艺术的成功关键。

⑨色彩艳丽：将各种不同色彩冷拼原料，运用不同的艺术手法，拼摆出色彩艳丽的冷拼，尽量利用原料的自然色彩，不用人造色素，色彩配比上要对比统一、和谐匀称，给人以素雅、明快之感，不宜太花哨。

⑩营养卫生：冷拼最终是为了人们食用，因此，一要味好，二要质量佳。营养卫生是冷拼的基本原则之一，营养要搭配合理，原料禁止使用非食品原料，要避免拼摆过程中的食品污染问题，做到尽量减少与手直接接触的机会，原料要新鲜，拼摆时间要短，工具盛器要消毒，个人要讲究卫生。

⑪花色拼盘应现做现用：花色拼盘相对一般拼盘拼摆时间较长，冷拼原料使用种类较多，拼摆难度较大，因此，要根据宾客开餐时间进行拼摆，做到随拼随食，以保证花色拼盘造型美观、色彩艳丽，冷拼原料的色、香、味、质应保持应有的风味特色。

⑫构思新颖，勇于创新：构思新颖，勇于创新是指在传统冷拼的基础上继承和发扬，不断变革创新，与时俱进，根据人们审美意识的不断提高，大胆创新、拓展思路，拼摆出符合现代饮食卫生，满足人们饮食需求的冷拼菜肴。

（三）实施工作方案

（1）花形什锦拼盘的拼制步骤如图 2-5-2 所示，认真观察并回答下列问题。

①如图 2-5-2(a)所示，拼盘对于原料选择有什么要求？

②如图 2-5-2(b)所示，扎蹄的刀工成形有什么样的要求？

③如图 2-5-2(c)所示，红肠的刀工成形有什么样的要求？

④如图 2-5-2(d)所示，边角料垫底要怎样的造型才能符合需要？

⑤如图 2-5-2(e)(g)(h)(j)(k)所示，刀面的拼摆有什么样的要求，要怎样摆放才整齐美观？

⑥如图 2-5-2(f)(i)所示，除了如图所示的成形方法外，还可以如何修料成形？

(a)原料准备

(b)扎蹄改刀修料

(c)红肠改刀修料

(d)边角料垫底

(e)扎蹄摆出刀面

(f)方火腿改刀修料

(g)方火腿摆出刀面

(h)胡萝卜摆出刀面

(i)黄瓜改刀修料

(j)黄瓜摆出刀面

图 2-5-2　花形什锦拼盘的拼制步骤

(k)摆出全部刀面　　　　　　　　(l)封刀口、装饰

续图 2-5-2

⑦如图 2-5-2(l)所示,这样的拼盘还可以采用怎样的方法封刀口、装饰?

(2)教师讲解操作方法,并示范操作全过程。学生观摩,记录花形什锦拼盘制作的重点与难点。

(3)学生根据制订的工作方案,准备冷拼原料,结合老师的演示进行花形什锦拼盘的制作练习。

(四)成果评价

(1)自评。你拼摆的作品存在哪些不足,是什么原因导致的? 总结并提出提升拼盘质量的建议。填写冷拼工作任务质量报表。

(2)同学互评。在教师的指导下开展同学互评活动。

(3)教师点评。

(4)填写什锦拼盘制作的学习综合评价表。什锦拼盘制作的学习综合评价表见表 2-5-2。

(5)按照实训室"6S"管理要求,认真清理打扫工作现场,并将在清理打扫过程中发现的问题记录下来,提出整改措施。

技能拓展

一、什锦拼盘作品欣赏

什锦拼盘作品见图 2-5-3。

(a)　　　　　　　　　　　　　　(b)

(c)　　　　　　　　　　　　　　(d)

图 2-5-3　什锦拼盘作品

二、什锦拼盘设计与制作

根据本节内容学习所得设计并制作另一款什锦拼盘。

学习活动 6　花色冷拼的制作

 学习目标

1.能够理解任务通知单的具体内容。
2.能运用工具书、互联网等学习资源收集花色冷拼制作的相关信息。
3.能够按照工作要求制订花色冷拼制作的工作方案。
4.掌握花色冷拼的制作方法与操作要领，以小组协作的形式完成花色冷拼的制作。
5.展示制作的花色冷拼作品，并对作品进行自评和互评。
6.能够做好冷拼岗位的开档准备和收档整理，正确保管冷拼制作工具、原料。
7.总结和反思学习过程，树立爱岗敬业的职业意识、安全意识、卫生意识。

建议学时：
12学时

学习准备

工具设备：片刀、砧板、大型长方平碟、雕刻刀、磨石、水盆、毛巾、多媒体设备、教学参考资料等。

学习过程

一、锦鸣花开制作

（一）接受任务

锦鸣花开制作的任务通知单见表 2-6-1。

表 2-6-1　锦鸣花开制作的任务通知单

作品范例	任务名称	选用原料
	锦鸣花开制作	卤牛肉、猪耳卷、鱼茸卷、火腿、虾仁、鸡蛋干、琼脂糕、胡萝卜、青萝卜、红心萝卜、西蓝花、土豆泥

（二）制订工作方案

（1）同学们查阅资料，根据所查资料，分组讨论并制订工作方案，填入工作方案设计表，每组推荐一名同学对本组制订的方案进行解读。工作方案设计表见附表1。

（2）学生对设计的工作方案进行自评和互评，教师进行点评，填写工作方案评价表。工作方案评价表见附表2。

（3）相关知识。

①花色冷拼概论。花色冷拼也称主题艺术冷拼、工艺冷拼等，是指利用各种加工好的冷菜原料，运用不同的刀法和拼摆技法，按照一定的顺序、层次和位置拼摆成山水、花卉、鸟类、动物等图案的一门冷菜拼摆技艺。花色冷拼讲究寓意吉祥、布局严谨、刀工精细、拼摆匀称，它以艳丽的色彩、逼真的造型呈现在人们面前，让人赏心悦目，振人食欲，使就餐者在饱尝口福之余，还能得到美的享受。

花色冷拼在宴席中能起到美化和烘托主题的作用，同时还能提高宴席档次，通过造型美观的冷拼，把宴席的主题充分体现出来，比其他菜品表达得更直接、更具体。在制作上，技术性和艺术性都要求较高，无论是刀工还是色彩搭配都必须考虑周到，才能达到形象逼真、色彩动人的艺术效果。

②花色冷拼的制作步骤。

a. 构思：构思就是在制作拼盘前通过设想或绘制草图的方法，设计出冷拼成品的图案。花色冷拼讲究造型美观、形态逼真，在作品的构思中，要根据宴席的主题、规模、标准和就餐宾客的饮食习俗等方面因素来选定题材、内容和表现形式。

b. 命题：命题是根据构思形成的图案进行命名。命名要紧扣主题，作品名称要与实际相符，既通俗又典雅，富有寓意，突出喜庆、吉祥的气氛。

c. 选料：选料就是根据构思和命题确定的主题图案来进行冷菜原料的选择。在原料的选择过程中，要合理搭配冷拼各部位的色彩、质地，要依照色彩、质地、刀工成形标准，确定冷菜原料品种，协调冷菜原料的味型。

d. 垫底：花色冷拼的垫底，就是摆出构图雏形。雏形的好坏，会直接影响整个冷拼的美观程度。冷拼垫底要选用可塑性较强、细小、质软的原料，可以把原料加工成片、丝、粒或者泥状。

e. 盖面：花色冷拼的盖面是根据垫底雏形，把不同颜色、质地、口味的原料刀工处理成一定形状，运用不同的拼摆技法，按图案的要求分部位拼摆成一个完整的图案。

f. 点缀：花色冷拼的点缀，是为了突出整个盘面的完整效果，弥补在拼摆过程中出现的一些细节上的不足，以求造型观赏性与食用性俱佳的效果，起到画龙点睛的作用。在实施点缀时，要注意点缀的位置要恰当，点缀物的色彩要与主体部分相协调，大小要适宜，同时要注意卫生要求。

（三）实施工作方案

（1）锦鸣花开的拼制步骤如图2-6-1所示，认真观察并回答下列问题。

①如图2-6-1（a）所示，制作锦鸣花开拼盘时，原料选择有什么样的要求？

②如图2-6-1（b）所示，小草、树叶、头、脚还可以使用哪些原料？

③如图2-6-1（c）所示，锦鸡身体捏坯成形要注意什么问题？制作锦鸡尾巴的原料采用了什么工艺？

④如图2-6-1（d）所示，拼摆身体的原料应改刀成什么形状？如何进行色彩的合理搭配？

⑤如图2-6-1（e）（f）所示，翅膀的拼摆有什么要求？如何把翅膀组装到身体上？

⑥如图2-6-1（g）所示，如何把握好组装的头、脚与身体的协调性？如何体现锦鸡的动感？

⑦如图2-6-1（h）所示，拼摆假山的原料如何进行刀工处理？怎样拼摆假山才能体现其层次感？

⑧如图2-6-1（i）所示，假山的拼摆除了要体现刀工与层次分明之外，最重要的是要突出它的什么价值？

⑨如图2-6-1（j）（k）所示，花卉的拼摆在选料上有何讲究？原料要如何进行刀工处理？采用什么手法进行拼摆？

⑩如图2-6-1（l）所示，锦鸣花开拼盘的成品有何特点？

（2）教师讲解操作方法，并示范操作全过程。学生观摩，记录锦鸣花开制作的重点与难点。

(a)原料准备

(b)装饰品准备

(c)捏坯成形、尾部拼摆

(d)身体拼摆

(e)翅膀拼摆

(f)翅膀组装

(g)头、脚组装

(h)拼摆假山

(i)假山拼摆成形

(j)花卉初坯准备

(k)花卉拼摆成形

(l)成形作品

图 2-6-1　锦鸣花开拼制步骤

小贴士 10

（3）学生根据制订的工作方案，准备冷拼原料，结合老师的演示进行锦鸣花开的制作练习。

（四）成果评价

（1）自评。你拼摆的作品存在哪些不足，是什么原因导致的？总结并提出提升拼盘质量的建议。填写冷拼工作任务质量报表。

（2）同学互评。在教师的指导下开展同学互评活动。

（3）教师点评。

（4）填写花色冷拼制作的学习综合评价表。花色冷拼制作的学习综合评价表见表 2-6-2。

（5）按照实训室"6S"管理要求，认真清理打扫工作现场，并将在清理打扫过程中发现的问题记录下来，提出整改措施。

表 2-6-2　花色冷拼制作的学习综合评价表

评价形式	评价指标（每一项 10 分）	自评	组评	师评
过程性评价	学习准备情况（包括仪容仪表、工具准备等方面）			
	工作方案完成情况（包括工作方案的完整性，文字表达是否清楚，对方案的解读是否完整等）			
	参与实训、主动承担任务情况			
	参与展示并客观评价情况			
	操作规范、遵守实训室"6S"管理规定情况			
作品质量评价	造型美观、构图合理			
	色彩鲜艳、搭配合理			
	刀工均匀、无连刀现象			
	拼摆整齐、有层次感			
	作品整洁、盛器干净卫生			
总分合计	—			
备注	每一项 10 分，优秀为 9～10 分，良好为 8～8.9 分，合格为 6～7.9 分，不及格 6 分以下；总分＝自评（30％）＋组评（30％）＋师评（40％）			

二、秋硕制作

（一）接受任务

秋硕制作的任务通知单见表 2-6-3。

表 2-6-3　秋硕制作的任务通知单

作品范例	任务名称	选用原料
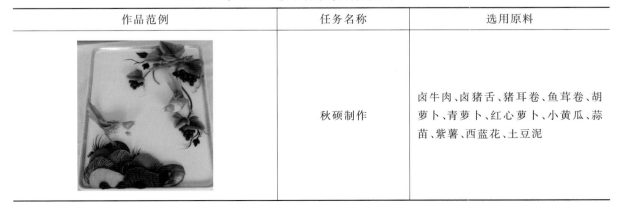	秋硕制作	卤牛肉、卤猪舌、猪耳卷、鱼茸卷、胡萝卜、青萝卜、红心萝卜、小黄瓜、蒜苗、紫薯、西蓝花、土豆泥

（二）制订工作方案

（1）同学们查阅资料，根据所查资料，分组讨论并制订工作方案，填入工作方案设计表，每组推荐一名同学对本组制订的方案进行解读。工作方案设计表见附表1。

（2）学生对设计的工作方案进行自评和互评，教师进行点评，填写工作方案评价表。工作方案评价表见附表2。

（3）相关知识：花色冷拼的构图要求。

①构图设计要突出主题、层次分明。构图要从整体出发，不论题材轻重、内容多寡、结构简繁，都要突出主题，分清主次。在层次的安排上，要具体而有条理，体现作品的层次感。

②构图要结合主题，体现作品的意境。

③构图要与盛器相配合，根据盛器的自然形态来进行考虑。

④根据原料特性、规格、刀工成形及组拼方式进行构图。

（三）实施工作方案

（1）秋硕的制作过程如图2-6-2所示，认真观察并回答下列问题。

(a)原料准备   (b)装饰品准备

(c)捏坯成形、尾部拼摆   (d)身体拼摆

(e)树叶拼摆   (f)树叶组装

(g)葡萄拼摆，组装头、脚   (h)原料切片

图 2-6-2 秋硕的制作过程

(i)假山拼摆   (j)成形作品

续图 2-6-2

①如图 2-6-2(a)所示,原料的选择有哪些要求? 原料质量的好坏对作品有何影响?

②如图 2-6-2(b)所示,如何确定头、脚的大小比例? 这些装饰的雕刻部件是否可以用其他原料进行制作?

③如图 2-6-2(c)所示,小鸟的身体捏坯成形时,在造型方面要注意些什么问题? 小鸟的尾部拼摆中,如何体现它的动感?

④如图 2-6-2(d)所示,拼摆身体的原料如何进行刀工处理? 色彩的搭配有何讲究?

⑤如图 2-6-2(e)(f)所示,树叶采用什么手法进行拼摆? 树叶的组装需要注意哪些问题?

⑥如图 2-6-2(g)所示,把小鸟的头与脚组装到身体相对应的部位时,出现大小比例不协调,应如何处理?

⑦如图 2-6-2(h)所示,拼摆假山的原料在刀工处理时,有什么要求?

⑧如图 2-6-2(i)所示,怎样拼摆假山才能体现其层次感? 原料的荤素搭配有何讲究?

⑨如图 2-6-2(j)所示,秋硕拼盘的成品有何特点?

(2)教师讲解操作方法,并示范操作全过程。学生观摩,记录秋硕制作的重点与难点。

(3)学生根据制订的工作方案,准备冷拼原料,结合老师的演示进行秋硕的制作练习。

(四)成果评价

(1)自评。你拼摆的作品存在哪些不足,是什么原因导致的? 总结并提出提升拼盘质量的建议。

(2)同学互评。在教师的指导下开展同学互评活动。

(3)教师点评。

(4)填写花色冷拼制作的学习综合评价表。花色冷拼制作的学习综合评价表见表 2-6-2。

(5)按照实训室"6S"管理要求,认真清理打扫工作现场,并将在清理打扫过程中发现的问题记录下来,提出整改措施。

三、吉庆有余制作

(一)接受任务

吉庆有余制作的任务通知单见表 2-6-4。

小贴士 11

表 2-6-4　吉庆有余制作的任务通知单

作品范例	任务名称	选用原料
	吉庆有余制作	澄粉、芝麻酱、青萝卜、白萝卜、红心萝卜、胡萝卜、方火腿、香芋、猪耳朵卷、西蓝花、南瓜、水果黄瓜、皮蛋肠、黑白蛋糕

（二）制订工作方案

（1）同学们查阅资料，根据所查资料，分组讨论并制订工作方案，填入工作方案设计表，每组推荐一名同学对本组制订的方案进行解读。工作方案设计表见附表1。

（2）学生对设计的工作方案进行自评和互评，教师进行点评，填写工作方案评价表。工作方案评价表见附表2。

（3）相关知识：花色冷拼的色彩搭配。

色彩在花色冷拼中占有极其重要的地位，是构成图案的主要因素之一，无论什么形式的冷拼，都必须考虑色彩的合理搭配。色彩有冷暖、明暗之分，暖色调如红、黄、橙，冷色调如蓝、紫等，中色调以白、黑、绿为主。花色冷拼的色彩搭配要运用好对比色、调和色，搭配好各种冷菜原料的色调。在烹饪美学中，对比色彩有鲜红与翠绿、绛紫与黄、金黄与墨紫、茶褐与浅绿、酱红与浅绿等。在冷暖的对比中，选取色度相近、色相较弱的色彩原料进行搭配会产生一种轻松和谐的对比效果。

（三）实施工作方案

（1）吉庆有余的制作过程如图 2-6-3 所示，认真观察并回答下列问题。

①如图 2-6-3(a)所示，制作吉庆有余拼盘时，身体捏坯成形要注意什么问题？尾部拼摆原料选择有什么样的要求？

②如图 2-6-3(b)所示，澄粉填色可以使用哪些原料？

③如图 2-6-3(c)所示，身体羽毛组装要注意什么问题？

④如图 2-6-3(d)所示，摆拼翅膀原料应改刀成什么形状？如何进行色彩的合理搭配？如何把翅膀组装到身体上？

⑤如图 2-6-3(e)所示，颈部羽毛的组装有什么要求？

⑥如图 2-6-3(f)所示，如何把握好组装的颈部与身体的协调性？如何保证颈部稳定？

⑦如图 2-6-3(g)所示，吉庆有余拼盘的成品有何特点？

（2）教师讲解操作方法，并示范操作全过程。学生观摩，记录吉庆有余制作的重点与难点。

（3）学生根据制订的工作方案，准备冷拼原料，结合老师的演示进行吉庆有余的制作练习。

（四）成果评价

（1）自评。你拼摆的作品存在哪些不足，是什么原因导致的？总结并提出提升拼盘质量的建议。

（2）同学互评。在教师的指导下开展同学互评活动。

（3）教师点评。

小贴士 12

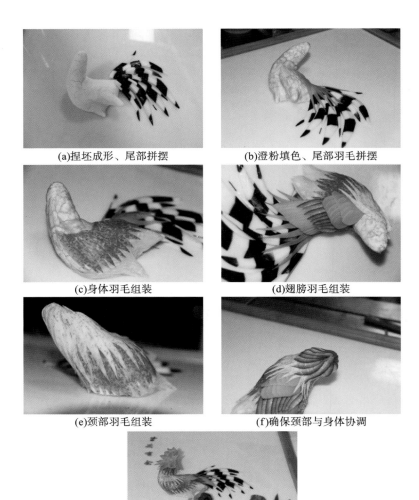

(a)捏坯成形、尾部拼摆　　(b)澄粉填色、尾部羽毛拼摆

(c)身体羽毛组装　　(d)翅膀羽毛组装

(e)颈部羽毛组装　　(f)确保颈部与身体协调

(g)成形作品

图 2-6-3　吉庆有余的制作过程

　　(4)填写花色冷拼制作的学习综合评价表。花色冷拼制作的学习综合评价表见表 2-6-2。

　　(5)按照实训室"6S"管理要求,认真清理打扫工作现场,并将在清理打扫过程中发现的问题记录下来,提出整改措施。

四、大鹏展翅制作

(一)接受任务

大鹏展翅制作的任务通知单见表 2-6-5。

表 2-6-5　大鹏展翅制作的任务通知单

作品范例	任务名称	选用原料
	大鹏展翅制作	澄粉、香油、芝麻酱、方火腿、黄瓜、西蓝花、冻猪耳糕、猪肝、红心萝卜、芋头、胡萝卜、青萝卜、紫菜蛋卷、酱牛肉、浅咖啡蛋白糕、深咖啡蛋白糕

（二）制订工作方案

（1）同学们查阅资料，根据所查资料，分组讨论并制订工作方案，填入工作方案设计表，每组推荐一名同学对本组制订的方案进行解读。工作方案设计表见附表1。

（2）学生对设计的工作方案进行自评和互评，教师进行点评，填写工作方案评价表。工作方案评价表见附表2。

（3）相关知识：冷拼的表现形式。

冷拼基本表现于对拼摆事物的了解，构图结构确定后最关键的就是拼摆了。拼摆的过程包括原料准备、初加工（焯水或入味）、划细片、拼接。冷拼的主题内容很多，春夏秋冬、飞禽走兽、花鸟鱼虫、山川风物等，皆可生动再现。

（三）实施工作方案

（1）大鹏展翅的制作过程如图 2-6-4 所示，认真观察并回答下列问题。

①如图 2-6-4(a)(b)所示，制作大鹏展翅拼盘时，身体捏坯成形要注意什么问题？原料选择有哪些要求？拼摆翅膀的原料在刀工处理时，有什么要求？

②如图 2-6-4(c)所示，拼摆翅膀时如何摆放，有什么要求？

③如图 2-6-4(d)所示，翅膀的羽毛片如何摆放？

④如图 2-6-4(e)所示，鹰尾巴要采用什么原料？刀工有何要求？

⑤如图 2-6-4(f)所示，拼摆鹰腿的原料在刀工处理时，有什么要求？

⑥如图 2-6-4(g)所示，翅膀和身体的结合部连接采用什么原料？如何能使羽毛片稳定牢固？摆拼时采用什么手法？

⑦如图 2-6-4(h)所示，翅膀、腿和身体的结合部连接采用什么原料？摆拼时采用什么手法？

(a)捏坯成形、翅膀拼摆　　　　　(b)翅膀拼接

图 2-6-4　大鹏展翅的制作过程

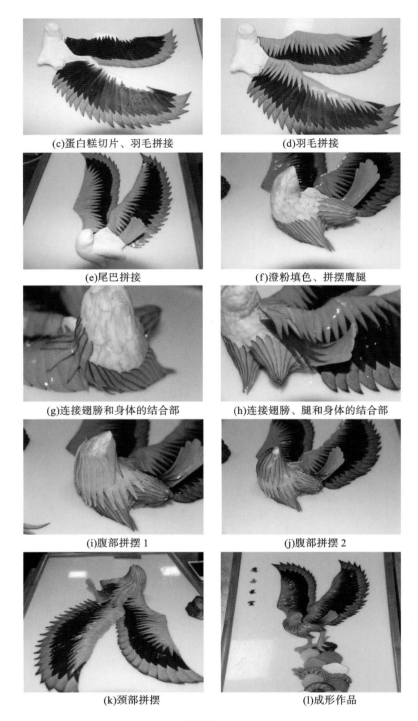

(c)蛋白糕切片、羽毛拼接

(d)羽毛拼接

(e)尾巴拼接

(f)澄粉填色、拼摆鹰腿

(g)连接翅膀和身体的结合部

(h)连接翅膀、腿和身体的结合部

(i)腹部拼摆1

(j)腹部拼摆2

(k)颈部拼摆

(l)成形作品

续图 2-6-4

⑧如图 2-6-4(i)(j)所示,鹰的腹部摆拼需要采用什么原料？采用什么手法进行拼摆？腹部的组装需要注意哪些问题？

⑨如图 2-6-4(k)所示,颈部的组装需要注意哪些问题？

⑩如图 2-6-4(l)所示,大鹏展翅拼盘的成品有何特点？

（2）教师讲解操作方法,并示范操作全过程。学生观摩,记录大鹏展翅制作的重点与难点。

（3）学生根据制订的工作方案,准备冷拼原料,结合老师的演示进行大鹏展翅的制作练习。

（四）成果评价

（1）自评。你拼摆的作品存在哪些不足，是什么原因导致的？总结并提出提升拼盘质量的建议。

（2）同学互评。在教师的指导下开展同学互评活动。

（3）教师点评。

（4）填写花色冷拼制作的学习综合评价表。花色冷拼制作的学习综合评价表见表2-6-2。

（5）按照实训室"6S"管理要求，认真清理打扫工作现场，并将在清理打扫过程中发现的问题记录下来，提出整改措施。

→ **技能拓展**

一、花色冷拼作品欣赏

花色冷拼作品见图2-6-5。

(a)　　　　　　　　　　(b)

(c)　　　　　　　　　　(d)

图2-6-5　花色冷拼作品

二、根据本节学习内容设计并完成另一款花色冷拼制作

提示相关设计思路：在学习原有冷拼制作的基础上，借鉴优秀冷拼作品的长处，运用冷拼创新的方法尝试创新冷拼设计。可以通过实地观察实物，加深对造型实物的印象，收集各种素材，包括收集绘画、工艺美术、雕塑作品资料或从网络收集资料，加以整理，完成设计与制作。

学习活动 7　工作总结、成果展示、经验交流

学习目标

1. 能正确规范地撰写工作总结。
2. 能运用不同的形式进行成果展示。
3. 能有效地进行工作反馈与经验交流。
4. 通过评价分析提高学生的综合职业能力。

建议学时：4 学时

学习准备

相关课件、书面总结等。

学习过程

1. 运用 PPT 课件等进行小组成果展示。
2. 工作任务分析、评价、总结。

学习评价

冷拼制作学习活动过程评价自评表见表 2-7-1。

表 2-7-1　冷拼制作学习活动过程评价自评表

班级		姓名		性别		日期			
评价指标	评价要素				权重	等级评定			
						A	B	C	D
信息检索	能够有效利用网络资源、学习资料查找有效信息；能够使用自己的语言有条理地解释、表达所学知识；能把查找到的信息有效地应用到工作中				10%				
感知工作	是否熟悉工作岗位，认同工作责任；在工作中是否有成就感				10%				
参与意识	与教师、同学之间是否相互尊重、理解、平等；与同学之间是否能够保持多向、丰富、适宜的信息交流				10%				
学习方法	探究学习、自主学习不拘泥于形式，处理好合作学习和独立思考的关系，做到有效学习；能提出有意义的问题或能发表个人见解；能按要求准确操作；能够倾听、协作、分享				20%				
工作过程	工作计划、操作技能是否符合规范要求；是否获得了进一步发展的能力				15%				
思维状态	是否能够发现问题、提出问题、分析问题、解决问题				10%				

续表

评价指标	评价要素	权重	等级评定			
			A	B	C	D
自评反馈	按时按量完成工作任务；较好地掌握了专业知识；具有较强的信息分析能力和理解能力；具有较为全面严谨的思维能力并能有条理地表述成文	25%				
自评等级						
有益的经验和做法						
总结反思建议						

注：等级评定 A,好；B,较好；C,一般；D,有待提高。

冷拼制作学习活动过程评价互评表见表 2-7-2。

表 2-7-2　冷拼制作学习活动过程评价互评表

班级		姓名		性别		日期			
评价指标	评价要素			权重		等级评定			
						A	B	C	D
信息检索	对方是否能够有效利用网络资源、学习资料查找有效信息			5%					
	对方是否使用自己的语言有条理地解释、表达所学知识			5%					
	对方是否能把查找到的信息有效地应用到工作中			5%					
感知工作	对方是否熟悉工作岗位,认同工作责任			5%					
	对方在工作中是否有成就感			5%					
参与意识	对方与教师、同学之间是否相互尊重、理解、平等			5%					
	对方与同学之间是否能够保持多向、丰富、适宜的信息交流			5%					
	对方是否处理好合作学习和独立思考的关系,做到有效学习			5%					
	对方是否能提出有意义的问题或能发表个人见解			5%					
	对方是否能按要求准确操作;能够倾听、协作、分享			5%					
学习方法	对方的工作计划、操作技能是否符合规范要求			5%					
	对方是否获得了进一步发展的能力			5%					
工作过程	对方是否遵守管理规定,操作过程是否符合现场管理要求			5%					
	对方平时上课的出勤情况和工作完成情况			5%					
	对方是否善于多角度思考问题、能够主动发现问题、提出有价值的问题			5%					

评价指标	评价要素	权重	等级评定			
			A	B	C	D
思维状态	对方是否能够发现问题、提出问题、分析问题、解决问题	5%				
互评反馈	对方能否认真对待评价环节,独立完成相关测试题	20%				
互评等级						
简要评述						

注:等级评定 A,好;B,较好;C,一般;D,有待提高。

冷拼制作学习活动过程教师评价表见表 2-7-3。

表 2-7-3 冷拼制作学习活动过程教师评价表

班级		姓名		学号		权重	评价
知识策略	知识吸收	能够设法记住要学习的东西				3%	
		使用多样性手段,从网络、技术手册等收集到很多有效信息				3%	
	知识构建	自觉寻求不同工作任务之间的内在联系				3%	
	知识应用	将学习到的东西应用于解决实际问题				3%	
工作策略	兴趣取向	对课程本身感兴趣,熟悉自己的工作岗位、认同工作价值				3%	
	成就取向	学习的目的是获得高水平的成绩				3%	
	批判性思考	谈到或听到一个推论或结论时,会考虑到其他可能的答案				3%	
管理策略	自我管理	如不能理解学习内容,会设法找到其他相关资讯				3%	
	过程管理	正确回答老师的问题				3%	
		能进行有效学习				3%	
		能针对工作任务反复查找资料,编制有效工作计划				3%	
		在工作过程中留有研讨记录				3%	
		团队合作中,能主动承担并完成任务				3%	
	时间管理	有效组织学习时间和按时、按质完成工作任务				3%	
	结果管理	在学习过程中有满足、成功与喜悦等体验,对后续学习更有信心				3%	
		根据研讨内容,对讨论的知识、步骤等进行合理的修改和应用				3%	
		课后积极有效地进行学习的自我反思,总结长短之处				3%	
		规范撰写工作小结,能进行经验交流与工作反馈				3%	
过程状态	交往状态	与教师、同学之间交流语言得体、彬彬有礼				3%	
		与教师、同学之间保持多向、丰富、适宜的信息交流和合作				3%	
	思维状态	能用自己的语言有条理地解释、表述所学知识				3%	
		善于多角度思考问题,能主动提出有价值的问题				3%	
	情绪状态	能自我调控好学习情绪,能随着教学进程或解决问题的全过程而产生不同的情绪变化				3%	
	生成状态	能总结本次课堂学习内容,或提出深层次的问题				3%	

续表

班级		姓名		学号		权重	评价
过程状态	组内合作过程	分工及任务目标明确,并能积极组织或参与小组工作				3%	
		积极参与小组讨论并能充分地表达自己的思想或意见				3%	
		能采取多种形式,展示本小组的工作成果,并进行交流反馈				3%	
		对其他小组同学所提出的疑问能做到积极有效的解释				3%	
		认真听取其他组的汇报发言,并能大胆地质疑、提出不同意见或更深层次的问题				3%	
	工作总结	规范撰写工作总结				3%	
自评	综合评价	按照(冷拼制作学习活动过程评价自评表)认真对待自评				5%	
互评	综合评价	按照(冷拼制作学习活动过程评价互评表)认真对待互评				5%	
总评等级							
建议							

评定人(签名):　　年　　月　　日

注:等级评定 A,好;B,较好;C,一般;D,有待提高。

→ **成果展示评价**

一、展示评价

以组为单位,把个人制作的作品摆在台面,进行成果展示,并由各小组推荐代表对作品进行必要的介绍。在展示的过程中,以组为单位进行评价;评价结束后,根据其他小组对本组展示作品的评价意见进行归纳总结。冷拼制作主要评价项目见表 2-7-4。

表 2-7-4　冷拼制作主要评价项目

评价指标	评价方式			评价结果
	自评	互评	师评	
展示作品是否符合餐饮经营实际使用标准				
介绍作品时表达是否清晰				
展示作品的创新意识如何				
本次任务是否达到学习目标				

建议:

二、教师对展示作品分别做出评价

（1）优点或可取之处。

（2）不足及改进方法。

（3）任务总结。

三、综合评价

盘饰制作

学习目标

1.熟悉盘饰制作各种原料并能根据盘饰制作的要求正确选择原料。

2.熟悉盘饰制作的一般规律。

3.能够正确使用盘饰制作的工具,并熟悉各种盘饰制作工具的刀法、技法。

4.能够按照操作步骤独立完成各种盘饰作品。

5.能够正确保存盘饰作品。

6.学习成员之间能够互相帮助,根据任务完成盘饰的制作。

7.能够轻松自然、准确地向他人介绍盘饰作品的特点。

8.树立爱岗敬业的职业意识、安全意识、卫生意识,体验劳动,热爱生活。

建 议 学 时:
48 学时

工作情境描述

厨房接到酒店销售部下达的晚宴菜单,其中有 40 道热菜需要准备盘饰,要求在规定时间完成盘饰制作,以便能够及时为热菜提供装饰的器皿。

根据以上工作情境,设计学习情境:在实训室内,学生根据老师下达的盘饰制作的学习任务,以小组合作的形式,查询有关资料,制订工作方案,领取原料,运用相关工具设备,按照盘饰制作的操作流程,完成盘饰制作的工作任务。

小组之间进行互评,老师讲评并进行完整演示,学生再次领取原料,按照之前老师的讲评,独立完成盘饰制作任务,老师进行点评。各小组按照各自的区域分工,进行卫生清扫,并做好相关设备的安全检查。

工作流程与活动

学习活动 1　参观盘饰制作间

学习活动 2　果蔬雕刻类盘饰制作

学习活动 3　花草类盘饰制作

学习活动 4　面塑类盘饰制作

学习活动 5　糖艺类盘饰制作

学习活动 6　酱汁类盘饰制作

学习活动 7　巧克力类盘饰制作

学习活动 8　器物类盘饰制作

学习活动 9　工作总结、成果展示、经验交流

学习活动 1 参观盘饰制作间

建议学时：4学时

→ 学习目标

1.感知盘饰制作的工作过程,说出盘饰制作常用的工具、设备。
2.能够总结盘饰制作的特点、作用。
3.熟悉盘饰制作的方法,并能够运用于实际工作中。
4.能够对盘饰作品进行正确的保存。

→ 学习准备

网络、多媒体设备、照相机、多媒体课件、教学参考资料、白板、白板笔等。

→ 学习过程

一、接受任务

（1）参观酒店厨房,感知酒店盘饰制作的生产环境、生产工艺流程。

如图 3-1-1 所示,在热菜厨房的打荷台上,一位厨师正在准备晚上的餐盘制作盘饰,旁边的台面上放着许多已经完成的盘饰作品。

(a)
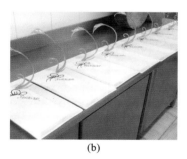
(b)

图 3-1-1 热菜厨房的厨师正在进行盘饰制作

（2）如图 3-1-2 所示,厨师正在对菜品进行装饰。

小贴士 13

(a)

(b)

图 3-1-2 厨师在装饰菜品

（3）什么叫盘饰制作？

（4）盘饰制作的工作一般由哪个岗位的厨师来完成？

二、认识工具设备及使用方法

请同学们查阅资料，回答下列问题。

（1）如图 3-1-3 所示，是从事盘饰制作的一些常用工具，请在下面对应位置写出它们的名称。

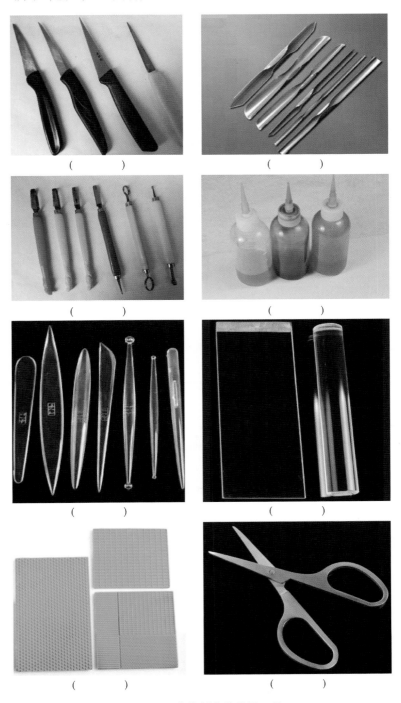

（　　　　）　　　　（　　　　）

（　　　　）　　　　（　　　　）

（　　　　）　　　　（　　　　）

（　　　　）　　　　（　　　　）

图 3-1-3　盘饰制作的常用工具

（2）果蔬雕刻类盘饰制作有哪些常用的刀法？分别写出它们的名称。

三、成果评价

根据参观过程中观察到的场景以及和厨师互动交流的收获,写出这次参观活动的心得体会。

四、综合评价

填写盘饰制作活动过程评价表。盘饰制作活动过程评价表见表 3-1-1。

表 3-1-1　盘饰制作活动过程评价表

班级		姓名		日期:　年　月　日	
序号	评价指标(每一项 10 分)		自评	组评	师评
1	活动工具准备的情况				
2	参观过程中是否遵守纪律				
3	参观过程中能否主动交流				
4	同伴之间是否团结协作				
5	能否礼貌地与厨师交流互动				
6	能否及时完成老师布置的任务				
7	能否描述出盘饰制作间的工作环境				
8	能否说出盘饰制作厨师的主要工作任务				
9	能否说出盘饰制作的主要工具及特点				
10	能否说出盘饰制作工具的使用方法				
备注	每一项 10 分,优秀得 8 分以上,良好 7 分,合格 6 分,不及格 5 分以下,总分＝自评(30%)＋组评(30%)＋师评(40%)				

学习活动 2　果蔬雕刻类盘饰制作

→ **学习目标**

1. 能够理解任务通知单的具体内容。
2. 能够运用工具书、互联网等学习资源收集果蔬雕刻类盘饰制作的相关信息。
3. 能够按照工作要求制订果蔬雕刻类盘饰制作的工作方案。
4. 掌握果蔬雕刻类盘饰制作的方法与操作要领,以小组协作的形式完成果蔬雕刻类盘饰的制作。
5. 展示制作的果蔬雕刻类盘饰作品,并对作品进行自评和互评。
6. 能做好打荷岗位的开档准备和收档整理,保管好盘饰制作的工具、原料。
7. 总结和反思学习过程,树立爱岗敬业的职业意识、安全意识、卫生意识。

建议学时：
12学时

 **学习准备**

工具设备：片刀、雕刻刀、磨石、水盆、毛巾、多媒体设备、教学参考资料等。

 **学习过程**

一、水果盘饰(一)制作

(一)接受任务

水果盘饰(一)制作的任务通知单见表3-2-1。

表 3-2-1 水果盘饰(一)制作的任务通知单

作品范例	任务名称	选用原料
	水果盘饰(一)制作	猕猴桃、橙子、车厘子

(二)制订工作方案

(1)同学们查阅资料，根据所查资料，分组讨论并制订工作方案，填入工作方案设计表，每组推荐一名同学对本组制订的方案进行解读。工作方案设计表见附表1。

(2)学生对设计的工作方案进行自评和互评，教师进行点评，填写工作方案评价表。工作方案评价表见附表2。

(3)相关知识。

①果蔬雕刻类盘饰的原则：果蔬雕刻类盘饰是在菜肴的周围或在菜盘的适当位置装饰点缀各式各样的图形，如摆上色鲜形美的雕刻花卉和多种瓜果、绿叶等原料，用以美化菜肴，调剂口味的一种菜肴装饰方法。

果蔬雕刻类盘饰在制作工艺上不仅要注意菜肴的营养价值，更要重视其审美价值。因此果蔬雕刻类盘饰制作应遵循以下四条原则：

a.口味上要注意装饰原料与菜肴一致，形美味美；

b.盘饰原料必须卫生；

c.制作时间不宜太长，以不影响菜肴质量为前提；

d.盘饰原料色彩、图案应清晰鲜丽，既要有对比又要有调和。

②果蔬雕刻类盘饰的原料：出于对美化菜肴的考虑，盘饰原料一般选用色彩艳丽的绿叶蔬菜和新鲜瓜果。原料来源广泛，成本费用低廉，一般是根据不同的季节选用应时的常见果蔬。煎炸菜肴常配爽口原料，甜味菜肴喜以水果相衬。由于每道菜肴的不同风味特色，所用围边原料也有很大差异。用作围边雕花点缀的原料有苹果、雪梨、菠萝、柠檬、广柑、橘子、黄瓜、胡萝卜、番茄、地瓜、洋葱、大葱、白萝卜、青萝卜、青笋、青椒、香芹、西蓝花等。各类蔬菜、瓜果原料在入馔装盘前都要进行洗涤、消毒处理。

③果蔬雕刻类盘饰的形式：果蔬雕刻类盘饰的形式分为平面盘饰、立雕盘饰两种。

　　a. 平面盘饰：以常见的新鲜水果、蔬菜为原料，利用原料固有的色泽和形状，采用切拼、搭配、雕戳、排列等技法，组合成各种平面纹样，围饰于菜肴周围或点缀于菜盘一角，或用作双味菜肴的间隔点缀等，构成一个错落有致、色彩和谐的整体，从而起到烘托菜肴特色，丰富席面，渲染气氛的作用。

　　b. 立雕盘饰：这是一种结合食雕作品的盘饰形式。一般配置在宴席的主桌上和显示身价的主菜上。常用富含水分、质地脆嫩、个体较大、外形符合构思要求、具有一定色感的果蔬。立雕工艺有简有繁，体积有大有小，一般都是根据命题选料造型，如在婚宴上采用具有喜庆意义的吉祥图案，配置在与宴席主题相吻合的席面上，能起到加强主题、增添气氛和食趣、提高宴席规格的作用。

（三）实施工作方案

（1）水果盘饰（一）的制作过程如图 3-2-1 所示，认真观察并回答下列问题。

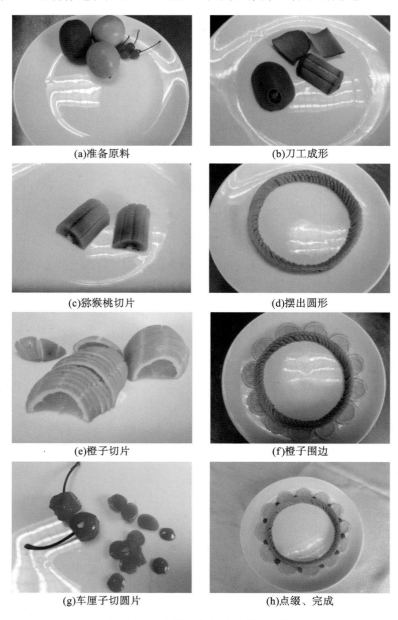

(a)准备原料　　　　　　　(b)刀工成形

(c)猕猴桃切片　　　　　　(d)摆出圆形

(e)橙子切片　　　　　　　(f)橙子围边

(g)车厘子切圆片　　　　　(h)点缀、完成

图 3-2-1　水果盘饰（一）的制作过程

　　①如图 3-2-1(a)所示，原料的选择有什么要求？

　　②如图 3-2-1(b)所示，猕猴桃运用什么方法刀工成形？

③如图 3-2-1(c)所示,猕猴桃切片有什么要求?

④如图 3-2-1(d)所示,猕猴桃围边有什么技巧、方法?

⑤如图 3-2-1(e)所示,橙子边缘的齿纹是运用什么方法成形的?

⑥如图 3-2-1(f)所示,橙子围边有什么要求?

⑦如图 3-2-1(g)所示,车厘子还能如何成形?

⑧如图 3-2-1(h)所示,点缀车厘子有什么要求? 除此之外,还可以怎样进行点缀?

(2)教师讲解操作方法,并示范操作全过程。学生观摩,记录水果盘饰(一)制作的重点与难点。

(3)学生根据制订的工作方案,准备原料,结合老师的演示进行水果盘饰(一)的制作练习。

(四)成果评价

(1)自评。你制作的盘饰作品存在哪些不足,是什么原因导致的? 总结并提出提升盘饰质量的建议。填写盘饰制作工作任务质量报表。

(2)同学互评。在教师的指导下开展同学互评活动。

(3)教师点评。

(4)填写果蔬雕刻类盘饰制作的学习综合评价表。果蔬雕刻类盘饰制作的学习综合评价表见表3-2-2。

(5)按照实训室"6S"管理要求,认真清理打扫工作现场,并将清理打扫过程中发现的问题记录下来,提出整改措施。

小贴士 14

表 3-2-2　果蔬雕刻类盘饰制作的学习综合评价表

评价形式	评价指标(每一项 10 分)	自评	组评	师评
过程性评价	学习准备情况(包括仪容仪表、工具准备等方面)			
	工作方案完成情况(包括工作方案的完整性,文字表达是否清楚,对方案的解读是否完整等)			
	参与实训、主动承担任务情况			
	参与展示并客观评价情况			
	操作规范、遵守实训室"6S"管理规定情况			
作品质量评价	原料选择恰当,取料规格符合雕刻要求			
	形态自然、逼真			
	外形美观,去料干脆利落,无破损			
	色彩搭配和谐,符合美学原理			
	作品整洁、盛器干净卫生			
总分合计	—			
备注	每一项 10 分,优秀为 9～10 分,良好为 8～8.9 分,合格为 6～7.9 分,不及格 6 分以下;总分＝自评(30%)＋组评(30%)＋师评(40%)			

二、水果盘饰(二)制作

(一)接受任务

水果盘饰(二)制作的任务通知单见表 3-2-3。

表 3-2-3　水果盘饰(二)制作的任务通知单

作品范例	任务名称	选用原料
	水果盘饰(二)制作	猕猴桃、草莓、橙子、法香

（二）制订工作方案

（1）同学们查阅资料，根据所查资料，分组讨论并制订工作方案，填入工作方案设计表，每组推荐一名同学对本组制订的方案进行解读。工作方案设计表见附表1。

（2）学生对设计的工作方案进行自评和互评，教师进行点评，填写工作方案评价表。工作方案评价表见附表2。

（3）相关知识。

①平面盘饰的形式一般有以下几种。

a. 全围式盘饰：沿盘子的周围拼摆盘饰。这类盘饰在热菜造型中最常用，它以圆形为主，也可根据盛器的外形围成椭圆形、四边形等。

b. 半围式盘饰：沿盘子的半边拼摆盘饰。它的特点是统一而富于变化，不求对称，但求协调。这类盘饰主要根据菜肴装盘形式和所占盘中位置而定，但要掌握好盛装菜肴的位置比例、形态比例和色彩的和谐。

c. 对称式盘饰：在盘中制作对称的盘饰形式。这种盘饰多用于腰盘，它的特点是对称和谐，丰富多彩。一般对称式盘饰有上下对称、左右对称、多边对称等形式。

d. 象形式盘饰：根据菜肴烹调方法和选用的盛器款式，把盘饰围成具体的图形，如扇面形、花卉形、叶片形、花窗格形、灯笼形、花篮形、鱼形、鸟形等。

e. 点缀式盘饰：所谓点缀式盘饰，就是用水果、蔬菜或食雕形式，点缀在盘子某一边，以渲染气氛、烘托菜肴。它的特点是简洁、明快、易做、没有固定的格式。一般是根据菜肴装盘后的具体情况，选定点缀的形式、色彩以及位置。这类盘饰多用于自然形热菜造型，如整鸡、整鸭、清蒸全鱼等菜肴。点缀盘饰有时是为了追求某种意趣或意境，有时是为了补充空隙，如盘子过大，装盛的菜肴不充足，可用点缀式盘饰形式弥补因菜肴造型需要导致的不协调、不丰满等。

f. 中心与外围结合盘饰：这类形式的盘饰较为复杂，是平面盘饰与食品雕刻的有机组合，常用于大型豪华宴会中。选用的盛器较大，装点时应注意菜肴与形式统一。中心食雕力求精致、完整，并掌握好层次与节奏的变化，使菜肴整齐美观，丰盛大方。

②食品雕刻的步骤：食品雕刻制作起来比较复杂，在创作时需要一定的次序，要按计划分步骤进行，否则易造成返工和原料浪费。食品雕刻制作的一般程序：命题、设计、选料、布局、雕刻、修饰等。

a. 命题：就是要了解宴会的主题及其对食品雕刻的要求，以此确定所要雕刻作品的题目。如选用"鸳鸯戏水"的作品来装饰婚事餐台；选用"寿比南山"的作品来装饰寿宴等。

b. 设计：根据命题设计雕刻作品的规格、内容、形式，设计出初稿，经过仔细推敲、研究，确定最后的图稿与雕制方案。

c. 选料：根据构思确定的图稿进行选料，对原料的品种、色泽、质地、大小、形状等进行挑选，尽量利用原料的自然形状和色泽进行雕刻制作，尽量少使用牙签和胶水对作品进行拼凑组合。

d. 布局：又称构思，在选题时就已经有了初步的酝酿，选料后进行充分的全面思考和分析。如雕刻作品的高低、大小、色彩搭配等。例如，制作"龙凤呈祥"的作品时，龙和凤的位置怎样摆放、两者的比例、各自造型的走向等问题，以及祥云的片数均要考虑周到细致，方可着手制作。

e. 雕刻：是各个步骤中最重要的一环，依据设计好的方案对原料进行雕刻，采用多种刀具和使用多种刀法刻出所期望的形象，所有前阶段的准备在此得以实现。

f. 修饰：将雕刻成的作品，进行适当的修饰、整理，使之更加完善，有的需用清水稍加浸泡，有的还需染色、点缀小草或小树枝等辅助工作。

（三）实施工作方案

（1）水果盘饰（二）的制作过程如图 3-2-2 所示，认真观察并回答下列问题。

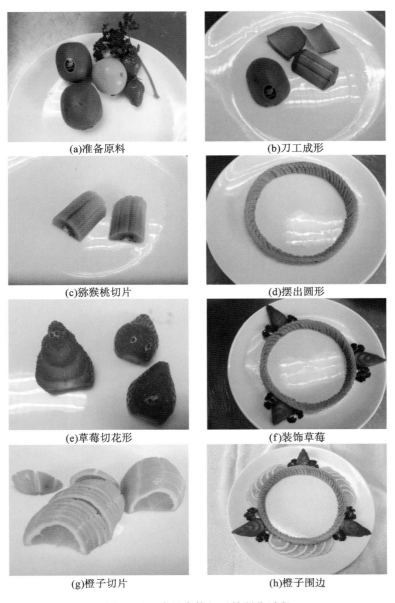

(a)准备原料　　(b)刀工成形

(c)猕猴桃切片　　(d)摆出圆形

(e)草莓切花形　　(f)装饰草莓

(g)橙子切片　　(h)橙子围边

图 3-2-2　水果盘饰（二）的制作过程

①如图 3-2-2（a）所示，原料的选择有什么要求？

②如图 3-2-2（b）所示，猕猴桃运用什么方法刀工成形？

③如图 3-2-2(c)所示,猕猴桃切片有什么要求?

④如图 3-2-2(d)所示,猕猴桃围边有什么技巧、方法?

⑤如图 3-2-2(e)所示,草莓的花形是运用什么方法成形的?

⑥如图 3-2-2(f)所示,装饰草莓有什么要求?

⑦如图 3-2-2(g)所示,橙子切片有什么要求?

⑧如图 3-2-2(h)所示,橙子围边有什么要求? 还可以怎样变化造型?

(2)教师讲解操作方法,并示范操作全过程。学生观摩,记录水果盘饰(二)制作的重点与难点。

(3)学生根据制订的工作方案,准备原料,结合老师的演示进行水果盘饰(二)的制作练习。

(四)成果评价

(1)自评。你制作的盘饰作品存在哪些不足,是什么原因导致的? 总结并提出提升盘饰质量的建议。填写盘饰制作工作任务质量报表。

(2)同学互评。在教师的指导下开展同学互评活动。

(3)教师点评。

(4)填写果蔬雕刻类盘饰制作的学习综合评价表。果蔬雕刻类盘饰制作的学习综合评价表见表 3-2-2。

(5)按照实训室"6S"管理要求,认真清理打扫工作现场,并将清理打扫过程中发现的问题记录下来,提出整改措施。

三、牙签串花盘饰(一)制作

(一)接受任务

牙签串花盘饰(一)制作的任务通知单见表 3-2-4。

表 3-2-4　牙签串花盘饰(一)制作的任务通知单

作品范例	任务名称	选用原料
	牙签串花盘饰(一)制作	黄瓜、红心萝卜、香菜

(二)制订工作方案

(1)同学们查阅资料,根据所查资料,分组讨论并制订工作方案,填入工作方案设计表,每组推荐一名同学对本组制订的方案进行解读。工作方案设计表见附表 1。

(2)学生对设计的工作方案进行自评和互评,教师进行点评,填写工作方案评价表。工作方案评价表见附表 2。

(3)相关知识:牙签串花盘饰制作的一般程序。

①选花形:选花形是根据实际工作,选择不同形状的串花来制作。

②选料:根据菜肴的颜色搭配、原料大小、串花花形大小等来选择原料。

③打坯:根据串花的花形来打成相应的原料坯,如圆形、水滴形和椭圆形。

④片原料片:用片刀或者刨片机片出均匀、厚薄适合串花的原料片。

⑤穿插成形:用牙签或竹签串出花形来。

⑥水泡、保管:串好的花还没有达到自然的一种美感,需要泡水,让原料片自然吸水后,花瓣自然舒展,达到一种自然美观的效果。需要注意:由于花瓣的片很薄,原料片容易在泡水的过程中脱色,所以泡水时间控制在5~10分钟为宜。保管采用密封低温保存法,即放入密封的容器或保鲜盆内并用保鲜膜封口,再放到5 ℃左右冰箱中保存,一般可以保存2~3天时间。

(三)实施工作方案

(1)牙签串花盘饰(一)的制作过程如图3-2-3所示,认真观察并回答下列问题。

①如图3-2-3(a)所示,盘饰原料的选择有什么要求?

②如图3-2-3(b)所示,坯子的形状如何加工成形?

③如图3-2-3(c)所示,原料片成薄片采用什么刀法,如何加工?

(a)准备原料	(b)加工坯子
(c)片成薄片	(d)串出花心
(e)串花瓣	(f)捏花瓣
(g)成形	(h)盘饰成品

图 3-2-3　牙签串花盘饰(一)的制作过程

④如图 3-2-3(d)(e)所示,串花心、花瓣的手法如何把握,有什么要求?

⑤如图 3-2-3(f)所示,捏花瓣的手法有什么要求?

⑥如图 3-2-3(g)所示,牙签串花的成形有什么要求?

⑦如图 3-2-3(h)所示,牙签串花盘饰要达到什么样的效果?

(2)教师讲解操作方法,并示范操作全过程。学生观摩,记录牙签串花盘饰(一)制作的重点与难点。

小贴士 16

(3)学生根据制订的工作方案,准备原料,结合老师的演示进行牙签串花盘饰(一)的制作练习。

(四)成果评价

(1)自评。你制作的盘饰作品存在哪些不足,是什么原因导致的?总结并提出提升盘饰质量的建议。填写盘饰制作工作任务质量报表。

(2)同学互评。在教师的指导下开展同学互评活动。

(3)教师点评。

(4)填写果蔬雕刻类盘饰制作的学习综合评价表。果蔬雕刻类盘饰制作的学习综合评价表见表 3-2-2。

(5)按照实训室"6S"管理要求,认真清理打扫工作现场,并将清理打扫过程中发现的问题记录下来,提出整改措施。

四、牙签串花盘饰(二)制作

(一)接受任务

牙签串花盘饰(二)制作的任务通知单见表 3-2-5。

表 3-2-5　牙签串花盘饰(二)制作的任务通知单

作品范例	任务名称	选用原料
	牙签串花盘饰(二)制作	南瓜、牙签、香菜

(二)制订工作方案

(1)同学们查阅资料,根据所查资料,分组讨论并制订工作方案,填入工作方案设计表,每组推荐一名同学对本组制订的方案进行解读。工作方案设计表见附表1。

(2)学生对设计的工作方案进行自评和互评,教师进行点评,填写工作方案评价表。工作方案评价表见附表 2。

(3)相关知识:盘饰的配色方法。

①利用原料的天然颜色来配色。雕刻用料本身具有自然颜色,这种颜色真实自然,亲切宜人,所以雕刻点缀作品在配色时,首先考虑利用原料本色。

②利用人造色素来配色。虽然原料本身富有色彩,但不可能完全满足需求,有些颜色只能依靠化学色素来着色配置,但化学色素对人体有害,还是少用为宜。如要使用,一定要杜绝染色的雕刻作品与菜肴有任何接触。

（三）实施工作方案

（1）牙签串花盘饰（二）的制作过程如图 3-2-4 所示，认真观察并回答下列问题。

(a)准备原料　　　　　　(b)切花瓣粗坯

(c)片花瓣　　　　　　(d)串花心

(e)串花瓣　　　　　　(f)盘饰成品

图 3-2-4　牙签串花盘饰（二）的制作过程

①如图 3-2-4（a）所示，盘饰原料的选择有什么要求？

②如图 3-2-4（b）所示，坯子如何加工成形？

③如图 3-2-4（c）所示，原料片成薄片采用什么刀法，如何加工？

④如图 3-2-4（d）所示，串花心、花瓣的手法如何把握，有什么要求？

⑤如图 3-2-4（e）所示，捏花瓣的手法有什么要求？

⑥如图 3-2-4（f）所示，牙签串花盘饰要达到什么样的效果？

（2）教师讲解操作方法，并示范操作全过程。学生观摩，记录牙签串花盘饰（二）制作的重点与难点。

（3）学生根据制订的工作方案，准备原料，结合老师的演示进行牙签串花盘饰（二）的制作练习。

（四）成果评价

（1）自评。你制作的盘饰作品存在哪些不足，是什么原因导致的？总结并提出提升盘饰质量的建议。填写盘饰制作工作任务质量报表。

（2）同学互评。在教师的指导下开展同学互评活动。

（3）教师点评。

（4）填写果蔬雕刻类盘饰制作的学习综合评价表。果蔬雕刻类盘饰制作的学习综合评价表见表 3-2-2。

小贴士 17

（5）按照实训室"6S"管理要求，认真清理打扫工作现场，并将清理打扫过程中发现的问题记录下来，提出整改措施。

五、黄瓜花盘饰制作

（一）接受任务

黄瓜花盘饰制作的任务通知单见表3-2-6。

表 3-2-6　黄瓜花盘饰制作的任务通知单

作品范例	任务名称	选用原料
	黄瓜花盘饰制作	黄瓜、红心萝卜、香菜

（二）制订工作方案

（1）同学们查阅资料，根据所查资料，分组讨论并制订工作方案，填入工作方案设计表，每组推荐一名同学对本组制订的方案进行解读。工作方案设计表见附表1。

（2）学生对设计的工作方案进行自评和互评，教师进行点评，填写工作方案评价表。工作方案评价表见附表2。

（3）相关知识：食品雕刻的作用。

①对菜点的点缀作用：雕品在菜点中主要用来点缀、衬托菜肴和点心，给菜点增加艺术色彩和艺术感染力，提高菜点的审美价值和档次。如一只脆皮乳鸽或者几块蒜香排骨单独盛装在盘中难免显得有些单调、呆板，若在一侧放上一朵萝卜花，便立刻感觉生机盎然、鲜亮明快，使菜肴增色不少。在实际应用中，大部分的雕品都是用于点缀菜肴，为衬托菜肴而制作的。

②菜肴的一个组成部分：有些菜肴必须和雕品一起，才能组成一个完整的整体，不能缺少，否则就会对菜肴的整体形象产生很大的破坏。在这些菜肴之中，雕品是一个重要的有机组成部分，没有雕品的存在，菜肴就不能成为一个完美的作品。这种形式多见于冷拼，如冷拼"孔雀展翅""龙凤呈祥"等。在热菜中如处理得当，也能取得很好的效果，但一定要注意雕品的卫生。

（三）实施工作方案

（1）黄瓜花盘饰的制作过程如图3-2-5所示，认真观察并回答下列问题。

①如图3-2-5(a)所示，原料的选择有什么要求？ 如何判断黄瓜的老嫩？

②如图3-2-5(b)所示，如何等分花瓣粗坯？

③如图3-2-5(c)所示，雕刻时，花瓣的厚度如何把握？

④如图3-2-5(d)所示，花心点缀应选用什么颜色的原料为好？

（2）教师讲解操作方法，并示范操作全过程。学生观摩，记录黄瓜花盘饰制作的重点与难点。

（3）学生根据制订的工作方案，准备原料，结合老师的演示进行黄瓜花盘饰的制作练习。

（四）成果评价

（1）自评。你雕刻的黄瓜花盘饰作品存在哪些不足，是什么原因导致的？ 总结并提出提升盘饰质量的建议。填写盘饰制作工作任务质量报表。

（2）同学互评。在教师的指导下开展同学互评活动。

小贴士 18

Note

(a)准备原料

(b)刻出六瓣花坯

(c)刻出第一层花瓣

(d)盘饰成品

图 3-2-5　黄瓜花盘饰的制作过程

（3）教师点评。

（4）填写果蔬雕刻类盘饰制作的学习综合评价表。果蔬雕刻类盘饰制作的学习综合评价表见表3-2-2。

（5）按照实训室"6S"管理要求，认真清理打扫工作现场，并将清理打扫过程中发现的问题记录下来，提出整改措施。

六、花卉盘饰制作

（一）接受任务

花卉盘饰制作的任务通知单见表3-2-7。

表 3-2-7　花卉盘饰制作的任务通知单

作品范例	任务名称	选用原料
	花卉盘饰制作	红心萝卜、胡萝卜、南瓜、小花、竹签、树枝

（二）制订工作方案

（1）同学们查阅资料，根据所查资料，分组讨论并制订工作方案，填入工作方案设计表，每组推荐

75

一名同学对本组制订的方案进行解读。工作方案设计表见附表1。

（2）学生对设计的工作方案进行自评和互评,教师进行点评,填写工作方案评价表。工作方案评价表见附表2。

（3）相关知识:花卉盘饰的制作步骤。

①选料:选择颜色艳丽、质地细腻的植物性原料。

②打坯:取长约6 cm的原料,去废料,刻出五等分。

③雕刻花瓣:把打好坯的原料用雕刻刀刻出第一层花瓣,去除废料;依次刻出第二、三层花瓣。

④雕刻花心:第三层花瓣刻好后,中间去废料呈圆锥形,然后用雕刻刀刻出花心,再去废料后雕刻花瓣;花心需要刻三层。

⑤水泡成形:雕刻好的花卉用水浸泡,让花瓣吸水呈自然展开状态,浸泡时间在10分钟左右为宜,以防花卉脱色,影响美观。

⑥组装成点缀盘饰:先用南瓜雕刻的花瓶和树枝组装成花瓶形态,再摆放到碟子上组装成花卉盘饰。

（三）实施工作方案

（1）花卉盘饰的制作过程如图3-2-6所示,认真观察并回答下列问题。

(a)原料准备　　　　　　　　(b)雕刻出坯子

(c)雕刻出第一层花瓣　　　　　　(d)雕刻出第二、三层花瓣

(e)雕刻出花心　　　　　　　　(f)组装成花卉盘饰

图 3-2-6　花卉盘饰的制作过程

①如图 3-2-6(a)所示,原料的选择有什么要求?

②如图 3-2-6(b)所示,花卉的坯子该怎么把握,如何等分?

③如图 3-2-6(c)所示,花卉雕刻时,花瓣的形状该如何把握?

④如图 3-2-6(d)所示,花卉雕刻第二、三层花瓣时要注意哪些问题?

⑤如图 3-2-6(e)所示,雕刻花心时有什么具体要求?

⑥如图 3-2-6(f)所示,雕刻花卉在盘饰组装时要注意哪些问题?

(2)教师讲解操作方法,并示范操作全过程。学生观摩,记录花卉盘饰制作的重点与难点。

(3)学生根据制订的工作方案,准备盘饰原料,结合老师的演示进行花卉盘饰的制作练习。

(四)成果评价

(1)自评。你雕刻的花卉盘饰作品存在哪些不足,是什么原因导致的? 总结并提出提升盘饰质量的建议。填写盘饰制作工作任务质量报表。

小贴士 19

(2)同学互评。在教师的指导下开展同学互评活动。

(3)教师点评。

(4)填写果蔬雕刻类盘饰制作的学习综合评价表。果蔬雕刻类盘饰制作的学习综合评价表见表 3-2-2。

(5)按照实训室"6S"管理要求,认真清理打扫工作现场,并将清理打扫过程中发现的问题记录下来,提出整改措施。

技能拓展

一、果蔬雕刻类盘饰作品欣赏

果蔬雕刻类盘饰作品见图 3-2-7。

图 3-2-7　果蔬雕刻类盘饰作品

二、果蔬雕刻类盘饰设计制作

根据本节所学内容设计并制作另一款果蔬雕刻类盘饰作品。

Note

学习活动 3　花草类盘饰制作

➡ **学习目标**

1. 能够理解任务通知单的具体内容。
2. 能运用工具书、互联网等学习资源收集花草类盘饰制作的相关信息。
3. 能够按照工作要求制订花草类盘饰制作的工作方案。
4. 掌握花草类盘饰的制作方法与操作要领，以小组协作的形式完成花草类盘饰的制作。
5. 展示制作的花草类盘饰作品，并对作品进行自评和互评。
6. 能做好打荷岗位的开档准备和收档整理，正确保管盘饰制作工具、原料。
7. 总结和反思学习过程，树立爱岗敬业的职业意识、安全意识、卫生意识。

建议学时：8学时

➡ **学习准备**

工具设备：剪刀、雕刻刀、毛巾、多媒体设备、教学参考资料等。

➡ **学习过程**

一、婀娜多姿的制作

（一）接受任务

婀娜多姿的制作任务通知单见表 3-3-1。

表 3-3-1　婀娜多姿的制作任务通知单

作品范例	任务名称	选用原料
	婀娜多姿制作	百合花、石竹梅、康乃馨、黄莺花、情人草、散尾叶、巧克力酱、柠檬果酱、土豆泥

（二）制订工作方案

（1）同学们查阅资料，根据所查资料，分组讨论并制订工作方案，填入工作方案设计表，每组推荐一名同学对本组制订的方案进行解读。工作方案设计表见附表 1。

（2）学生对设计的工作方案进行自评和互评，教师进行点评，填写工作方案评价表。工作方案评价表见附表 2。

（3）相关知识。

①花草类盘饰的特点：

a. 用料广泛。

b.制作简单,方便快捷,效率高。

c.造型美观抽象,色彩简洁明快,立体感强。

d.制作成本较低,避免浪费。

②花草类盘饰的常用原料:花草类原料品种繁多,色彩艳丽,常用的原料主要有以下几种,见图3-3-1。

(a)百合花　　　　　(b)康乃馨　　　　　(c)雏菊

(d)玫瑰花　　　　　(e)洋兰　　　　　(f)石竹梅

(g)勿忘我　　　　　(h)满天星　　　　　(i)情人草

(j)黄莺花　　　　　(k)巴西叶　　　　　(l)散尾叶

图 3-3-1　花草类盘饰常用原料

(三)实施工作方案

(1)婀娜多姿的制作过程如图 3-3-2 所示,认真观察并回答下列问题。

①如图 3-3-2(a)所示,婀娜多姿的原料选择有什么样的要求? 还可以选用哪些花草原料进行制作?

②如图 3-3-2(b)所示,土豆泥应如何调制? 还可以调制成什么颜色?

③如图 3-3-2(c)所示,百合花花瓣要如何修剪整理?

④如图 3-3-2(d)所示,康乃馨组装的位置有何讲究?

⑤如图 3-3-2(e)所示,使用黄莺花、情人草点缀有什么作用?

⑥如图 3-3-2(f)所示,如何固定散尾叶?

⑦如图 3-3-2(g)所示,使用石竹梅进行点缀时有什么要求?

⑧如图 3-3-2(h)所示,用果酱进行点缀要注意什么问题? 婀娜多姿的成品有何特点?

(2)教师讲解操作方法,并示范操作全过程。学生观摩,记录婀娜多姿制作的重点与难点。

(3)学生根据制订的工作方案,准备原料,结合老师的演示进行婀娜多姿的制作练习。

小贴士20

Note

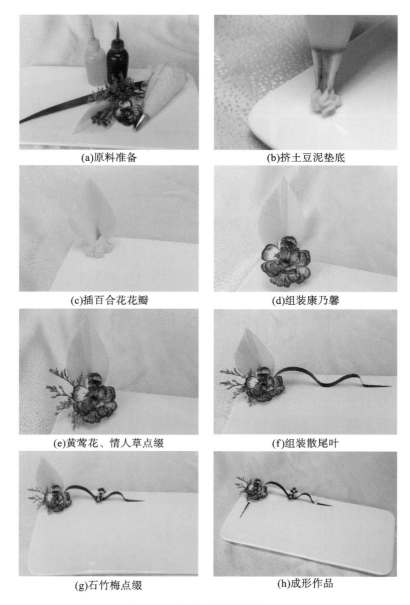

(a)原料准备　　　　　　　　(b)挤土豆泥垫底

(c)插百合花花瓣　　　　　　(d)组装康乃馨

(e)黄莺花、情人草点缀　　　　(f)组装散尾叶

(g)石竹梅点缀　　　　　　　(h)成形作品

图 3-3-2　婀娜多姿的制作过程

（四）成果评价

（1）自评。你制作的盘饰作品存在哪些不足，是什么原因导致的？总结并提出提升作品质量的建议。

（2）同学互评。在教师的指导下开展同学互评活动。

（3）教师点评。

（4）填写花草类盘饰制作的学习综合评价表。花草类盘饰制作的学习综合评价表见表 3-3-2。

（5）按照实训室"6S"管理要求，认真清理打扫工作现场，并将清理打扫过程中发现的问题记录下来，提出整改措施。

表 3-3-2　花草类盘饰制作的学习综合评价表

评价形式	评价指标(每一项 10 分)	自评	组评	师评
过程性评价	学习准备情况(包括仪容仪表、工具准备等方面)			
	工作方案完成情况(包括工作方案的完整性,文字表达是否清楚,对方案的解读是否完整等)			
	参与实训,主动承担任务情况			
	参与展示并客观评价情况			
	操作规范,遵守实训室"6S"管理规定情况			
作品质量评价	原料新鲜,干净卫生			
	布局合理,造型美观			
	色彩鲜艳,搭配合理			
	层次分明,立体感强			
	盛器干净,作品整洁			
总分合计	—			
备注	每一项 10 分,优秀为 9~10 分,良好为 8~8.9 分,合格为 6~7.9 分,不及格 6 分以下;总分＝自评(30％)＋组评(30％)＋师评(40％)			

二、欣欣向荣的制作

（一）接受任务

欣欣向荣的制作任务通知单见表 3-3-3。

表 3-3-3　欣欣向荣的制作任务通知单

作品范例	任务名称	选用材料
	欣欣向荣制作	康乃馨、黄莺花、针草、散尾叶、洋葱、巧克力酱、柠檬果酱、草莓果酱、土豆泥

（二）制订工作方案

（1）同学们查阅资料,根据所查资料,分组讨论并制订工作方案,填入工作方案设计表,每组推荐一名同学对本组制订的方案进行解读。工作方案设计表见附表 1。

（2）学生对设计的工作方案进行自评和互评,教师进行点评,填写工作方案评价表。工作方案评价表见附表 2。

（3）相关知识:土豆泥制作方便快捷,有一定的黏度,在盘饰制作中主要起到固定原料的作用。在调制土豆泥时,要把握其质地的软硬程度。如果土豆泥质地过硬,在挤的过程中会出现把挤袋挤破的情况;土豆泥质地太软,就起不到固定原料的作用。土豆泥的调整方法是用土豆粉加适当冷水或温水搅拌均匀,加入食用色素,再揉匀揉透,装入挤袋中即可使用。

（三）实施工作方案

（1）欣欣向荣的制作过程如图 3-3-3 所示,认真观察并回答下列问题。

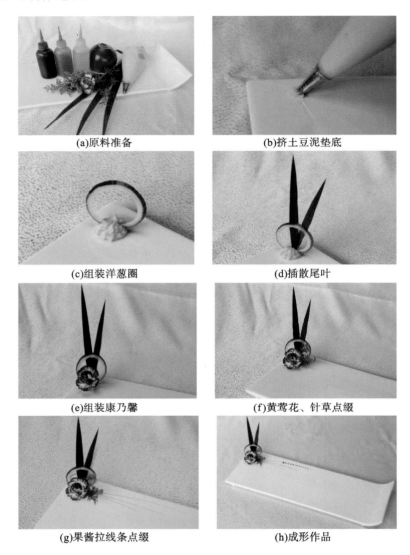

(a)原料准备　　(b)挤土豆泥垫底
(c)组装洋葱圈　　(d)插散尾叶
(e)组装康乃馨　　(f)黄莺花、针草点缀
(g)果酱拉线条点缀　　(h)成形作品

图 3-3-3　欣欣向荣的制作过程

①如图 3-3-3(a)所示,欣欣向荣的原料选择有什么样的要求?

②如图 3-3-3(b)所示,调制土豆泥要注意什么问题?

③如图 3-3-3(c)所示,洋葱的选择有何要求?

④如图 3-3-3(d)所示,散尾叶的应用在这个盘饰中起到什么作用? 还可以用哪些原料代替散尾叶的使用?

⑤如图 3-3-3(e)所示,怎样确定康乃馨的组装位置?

⑥如图 3-3-3(f)所示,使用黄莺花、针草点缀有什么作用?

⑦如图 3-3-3(g)所示,用果酱拉线条有什么要求?

⑧如图 3-3-3(h)所示,欣欣向荣的成品有何特点?

小贴士 21

（2）教师讲解操作方法，并示范操作全过程。学生观摩，记录欣欣向荣制作的重点与难点。

（3）学生根据制订的工作方案，准备原料，结合老师的演示进行欣欣向荣的制作练习。

（四）成果评价

（1）自评。你制作的盘饰作品存在哪些不足，是什么原因导致的？总结并提出提升拼盘质量的建议。

（2）同学互评。在教师的指导下开展同学互评活动。

（3）教师点评。

（4）填写花草类盘饰制作的学习综合评价表。花草类盘饰制作的学习综合评价表见表 3-3-2。

（5）按照实训室"6S"管理要求，认真清理打扫工作现场，并将清理打扫过程中发现的问题记录下来，提出整改措施。

三、生机的制作

（一）接受任务

生机的制作任务通知单见表 3-3-4。

表 3-3-4　生机的制作任务通知单

作品范例	任务名称	选用原料
	生机的制作	石竹梅、康乃馨、黄莺花、巴西叶、针草、巧克力酱、柠檬果酱、草莓果酱、土豆泥

（二）制订工作方案

（1）同学们查阅资料，根据所查资料，分组讨论并制订工作方案，填入工作方案设计表，每组推荐一名同学对本组制订的方案进行解读。工作方案设计表见附表 1。

（2）学生对设计的工作方案进行自评和互评，教师进行点评，填写工作方案评价表。工作方案评价表见附表 2。

（3）相关知识：花草类盘饰的制作要点。

①原料要新鲜、干净、卫生。

②色彩搭配合理，不要过于花哨。

③造型简单明了，有层次感、立体感。

④盘饰要与菜肴的色彩及形状相协调。

（三）实施工作方案

（1）生机的制作过程如图 3-3-4 所示，认真观察并回答下列问题。

①如图 3-3-4（a）所示，在选择原料时，色彩搭配方面有什么样的要求？

②如图 3-3-4（b）所示，用巴西叶制作成圆形有什么作用？

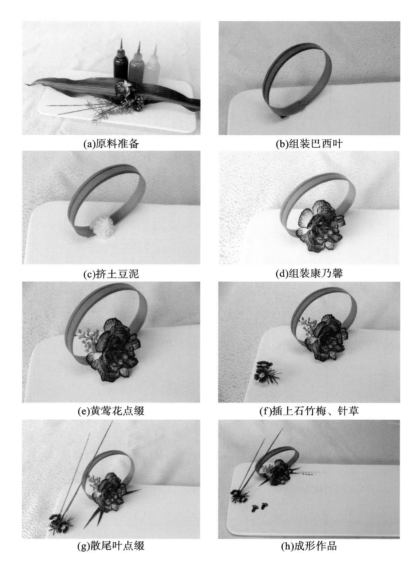

(a)原料准备　　(b)组装巴西叶

(c)挤土豆泥　　(d)组装康乃馨

(e)黄莺花点缀　　(f)插上石竹梅、针草

(g)散尾叶点缀　　(h)成形作品

图 3-3-4　生机的制作过程

③如图 3-3-4(c)所示,把土豆泥挤在巴西叶上的目的是什么?

④如图 3-3-4(d)所示,康乃馨的组装有什么要求?

⑤如图 3-3-4(e)所示,还可以用什么花卉代替黄莺花进行点缀?

⑥如图 3-3-4(f)所示,石竹梅的摆放位置有何讲究?

⑦如图 3-3-4(g)所示,散尾叶的点缀起到什么作用?

⑧如图 3-3-4(h)所示,生机的成品有何特点?

(2)教师讲解操作方法,并示范操作全过程。学生观摩,记录生机制作的重点与难点。

(3)学生根据制订的工作方案,准备原料,结合老师的演示进行生机的制作练习。

(四)成果评价

(1)自评。你制作的盘饰作品存在哪些不足,是什么原因导致的? 总结并提出提升拼盘质量的建议。

小贴士 22

（2）同学互评。在教师的指导下开展同学互评活动。

（3）教师点评。

（4）填写花草类盘饰制作的学习综合评价表。花草类盘饰制作的学习综合评价表见表 3-3-2。

（5）按照实训室"6S"管理要求，认真清理打扫工作现场，并将清理打扫过程中发现的问题记录下来，提出整改措施。

技能拓展

一、花草类盘饰作品欣赏

花草类盘饰作品见图 3-3-5。

(a)

(b)

(c)

(d)

(e)

(f)

(g)

(h)

图 3-3-5　花草类盘饰作品

二、 根据本节所学内容设计并制作另一款花草类盘饰

提示相关设计思路:在学习原有花草类盘饰制作的基础上,借鉴优秀作品的长处,或从网络收集资料,加以整理,完成设计与制作。

学习活动 4　面塑类盘饰制作

学习目标

1.能够理解任务通知单的具体内容。
2.能够运用工具书、互联网等学习资源收集面塑类盘饰制作的相关信息。
3.能够按照工作要求制订面塑类盘饰制作的工作方案。
4.掌握面塑类盘饰的制作方法与操作要领,以小组协作的形式完成面塑类盘饰的制作。
5.展示制作的面塑类盘饰作品,并对作品进行自评和互评。
6.能做好案台岗位的开档准备和收档整理,正确保管工具、原料。
7.总结和反思学习过程,树立爱岗敬业的职业意识、安全意识、卫生意识。

建议学时:4 学时

学习准备

工具准备:刀片、拔子、花夹、梳子、小毛刷、干净毛巾、多媒体设备、教学参考资料等。

学习过程

一、玫瑰花盘饰制作

(一)接受任务

玫瑰花盘饰制作的任务通知单见表 3-4-1。

表 3-4-1　玫瑰花盘饰制作的任务通知单

面塑类盘饰制作范例	任务名称	选用原料
	玫瑰花盘饰制作	澄粉、生粉、菠菜汁、苋菜汁、色拉油

（二）制订工作方案

（1）同学们查阅资料，根据所查资料，分组讨论并制订工作方案，填入工作方案设计表，每组推荐一名同学对本组制订的方案进行解读。工作方案设计表见附表1。

（2）学生对设计的工作方案进行自评和互评，教师进行点评，填写工作方案评价表。工作方案评价表见附表2。

（3）相关知识：面塑类盘饰的基本要求。

面塑类盘饰又称面点的围边。它是在面点制作工艺的基础上，运用面塑的手段，设计制作出植物、动物、人物、风景等造型，通过合理围饰、点缀或组装，使面点成品达到完美的艺术效果的工艺过程。面塑类盘饰的基本要求：以美化为标准，以简洁为原则，以色彩和谐美丽为追求目标，与主体面点协调达到色、形、意俱佳的效果。具体工艺要求有以下几点。

①面塑类盘饰对器皿的要求：用于装饰的盘子应该是浅色、素色的，一般来讲以白色盘子为主。因为素色的盘子有利于表现作品的内容，体现作品的风格。

②调色、配色的要求：禁止使用人工合成色素。常用调色、配色的材料有菠菜汁、苋菜汁、黄栀子、胡萝卜汁、可可粉、糖色等。在调色中以清淡、自然为宜，忌大红大绿；颜色的搭配不宜太杂，一般二、三种颜色搭配即可。

③盘饰与面点产品的有机结合要求：盘饰是为面点产品服务的，经过盘饰点缀可以提高面点产品的美感，更能体现面点产品的主题和所要表达的意境。因此盘饰不宜太繁杂，更不能喧宾夺主，一般占盘子的1／3或1/4。

④盘饰对卫生的要求：盘饰的材料要具有可食性，不能食用的材料严禁使用。注意个人卫生，工作服要干净平整，手不留指甲，所用器皿、工具要严格进行消毒、杀菌处理，工作环境要干净卫生。

（三）实施工作方案

（1）玫瑰花盘饰的制作过程如图3-4-1所示，认真观察并回答下列问题。

①如图3-4-1(a)所示，面塑的原料有什么样的要求？

②如图3-4-1(b)所示，烫面的操作规程是怎样的？

③如图3-4-1(c)所示，揉面的手法有什么具体要求？

④如图3-4-1(d)所示，面团调色有什么样的方法？

⑤如图3-4-1(e)所示，做枝叶时要注意些什么问题？

⑥如图3-4-1(f)(g)所示，做花卉时要注意什么细节问题？

⑦如图3-4-1(h)所示，花卉与枝叶组合成形时要如何把握好？

（2）教师讲解操作方法，并示范操作全过程。学生观摩，记录玫瑰花盘饰制作的重点与难点。

（3）学生根据制订的工作方案，准备原料，结合老师的演示进行玫瑰花盘饰的制作练习。

（四）成果评价

（1）自评。你设计制作的盘饰作品存在哪些不足，是什么原因导致的？总结并提出提升质量的建议。填写盘饰制作工作任务质量报表。

（2）同学互评。在教师的指导下开展同学互评活动。

（3）教师点评。

（4）填写面塑类盘饰制作的学习综合评价表。面塑类盘饰制作的学习综合评价表见表3-4-2。

（5）按照实训室"6S"管理要求，认真清理打扫工作现场，并将清理打扫过程中发现的问题记录下来，提出整改措施。

小贴士 23

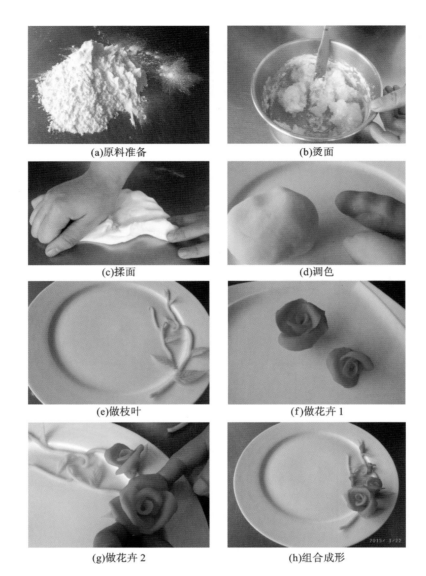

(a)原料准备   (b)烫面

(c)揉面   (d)调色

(e)做枝叶   (f)做花卉 1

(g)做花卉 2   (h)组合成形

图 3-4-1   玫瑰花盘饰的制作过程

表 3-4-2   面塑类盘饰制作的学习综合评价表

评价形式	评价指标(每一项 10 分)	自评	组评	师评
过程性评价	学习准备情况(包括仪容仪表、工具准备等方面)			
	工作方案完成情况(包括工作方案的完整性,文字表达是否清楚,对方案的解读是否完整等)			
	参与实训、主动承担任务情况			
	参与展示并客观评价情况			
	操作规范、遵守实训室"6S"管理规定情况			

续表

评价形式	评价指标(每一项 10 分)	自评	组评	师评
菜品质量评价	造型美观、逼真			
	色彩搭配和谐			
	成形符合造型需要			
	作品表面光洁、亮泽			
	碟面整洁、无污渍、无水滴			
总分合计	—			
备注	每一项 10 分,优秀得 8 分以上,良好 7 分,合格 6 分,不及格 5 分以下,总分=自评(30%)+组评(30%)+师评(40%)			

二、天鹅戏水盘饰制作

（一）接受任务

天鹅戏水盘饰制作的任务通知单见表 3-4-3。

表 3-4-3　天鹅戏水盘饰制作的任务通知单

面塑类盘饰制作范例	任务名称	选用原料
	天鹅戏水盘饰制作	澄粉、生粉、可可粉、苋菜汁、色拉油

（二）制订工作方案

（1）同学们查阅资料,根据所查资料,分组讨论并制订工作方案,填入工作方案设计表,每组推荐一名同学对本组制订的方案进行解读。工作方案设计表见附表 1。

（2）学生对设计的工作方案进行自评和互评,教师进行点评,填写工作方案评价表。工作方案评价表见附表 2。

（3）相关知识。

①面塑类盘饰的手法:

a.围边:这是一种最为普遍使用的盘饰方法。主要在盛器的内圈边沿围上一圈装饰物。如用各种有色面团相互包裹,揉搓成长圆形,再用美工刀切成圆片、半圆片或花形片,围边点缀,烘托面点的造型。

b.边缀:这也是一种常用的盘饰方法。在盛器的边缘等距离放上装饰物。如用澄粉面团制作的喇叭花、月季花、南瓜藤等在对称、三角位处摆放,起到一定的装饰效果。

c.角花:这是当前最为流行的一种盘饰方法。在盛器的一端或边沿上放上一个小型装饰物或一丛鲜花。如用澄粉面团制的小鱼小虾、小禽小兽,缀以小花小草或直接用鲜花陪衬,使整盘面点和谐美观。

d.大手笔:这种盘饰手法主要用面点品种展示、比赛,以增强艺术效果。如采用面塑制作的人物、亭台楼阁、风景等装饰,创造整盘面点的意境,引人入胜。

②面塑类盘饰的保存方法:面塑类盘饰制作完成后,色拉油抹匀后用保鲜膜封好,以防开裂变形。保鲜膜封住盘面,保鲜膜要拉直,整齐撕下,动作要轻,不要弄乱盘内造型。

(三)实施工作方案

(1)天鹅戏水盘饰的制作过程如图 3-4-2 所示,认真观察并回答下列问题。

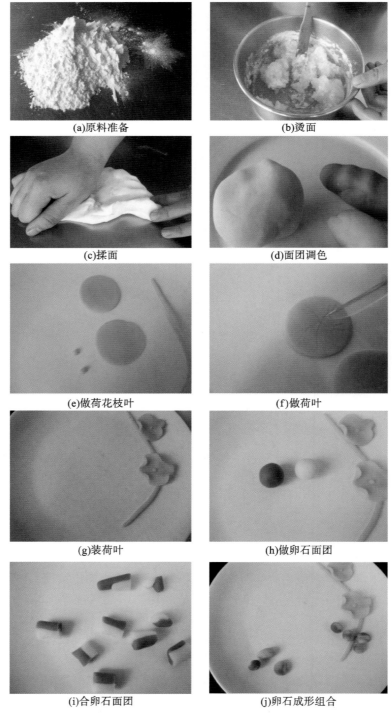

(a)原料准备

(b)烫面

(c)揉面

(d)面团调色

(e)做荷花枝叶

(f)做荷叶

(g)装荷叶

(h)做卵石面团

(i)合卵石面团

(j)卵石成形组合

图 3-4-2　天鹅戏水盘饰的制作过程

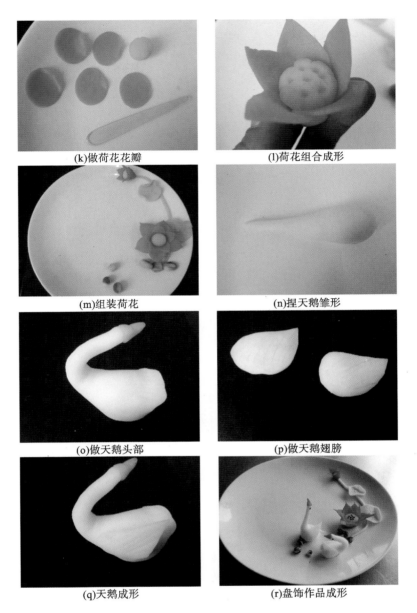

(k)做荷花花瓣　　　　　　(l)荷花组合成形

(m)组装荷花　　　　　　(n)捏天鹅雏形

(o)做天鹅头部　　　　　　(p)做天鹅翅膀

(q)天鹅成形　　　　　　(r)盘饰作品成形

续图 3-4-2

①如图 3-4-2(a)所示,面塑的原料有什么样的要求?

②如图 3-4-2(b)所示,烫面的操作规程是怎样的?

③如图 3-4-2(c)所示,揉面的手法有什么具体要求?

④如图 3-4-2(d)所示,面团调色有什么样的方法?

⑤如图 3-4-2(e)所示,做枝叶时要注意什么问题?

⑥如图 3-4-2(f)(g)所示,做荷叶时要注意什么细节问题?

⑦如图 3-4-2(h)(i)(j)所示,卵石如何成形?

⑧如图 3-4-2(k)所示,荷花花瓣如何成形?

⑨如图 3-4-2(l)所示,荷花组合要注意什么问题?

⑩如图 3-4-2(m)所示,荷花的组装有什么要求?

⑪如图 3-4-2(n)(o)(p)(q)所示,做天鹅时要注意什么细节问题? 天鹅的姿态如何把握?

⑫如图 3-4-2(r)所示,作品的组装要注意什么问题?

(2)教师讲解操作方法,并示范操作全过程。学生观摩,记录天鹅戏水盘饰制作的重点与难点。

(3)学生根据制订的工作方案,准备原料,结合老师的演示进行天鹅戏水盘饰的制作练习。

(四)成果评价

(1)自评。你设计制作的盘饰作品存在哪些不足,是什么原因导致的? 总结并提出提升质量的建议。填写盘饰制作工作任务质量报表。

(2)同学互评。在教师的指导下开展同学互评活动。

(3)教师点评。

(4)填写面塑类盘饰制作的学习综合评价表。面塑类盘饰制作的学习综合评价表见表 3-4-2。

(5)按照实训室"6S"管理要求,认真清理打扫工作现场,并将清理打扫过程中发现的问题记录下来,提出整改措施。

→ 技能拓展

一、面塑类盘饰作品欣赏

面塑类盘饰作品见图 3-4-3。

(a)   (b)

(c)   (d)

图 3-4-3　面塑类盘饰作品

二、面塑类盘饰设计与制作

根据所学内容设计并完成另一款面塑类盘饰的制作。

学习活动 5　糖艺类盘饰制作

　学习目标

1.能够理解任务通知单的具体内容。
2.能够运用工具书、互联网等学习资源收集糖艺类盘饰制作的相关信息。
3.能够按照工作要求制订糖艺类盘饰制作的工作方案。
4.掌握糖艺类盘饰的制作方法与操作要领,以小组协作的形式完成糖艺类盘饰的制作。
5.展示制作的糖艺类盘饰作品,并对作品进行自评和互评。
6.做好打荷岗位的开档准备和收档整理,正确保管盘饰制作工具、原料。
7.总结和反思学习过程,树立爱岗敬业的职业意识、安全意识、卫生意识。

建议学时:4
学时

　学习准备

工具设备:糖艺灯、糖艺工具、水盆、毛巾、多媒体设备、教学参考资料等。

学习过程

一、绽放的制作

(一)接受任务

绽放的制作任务通知单见表3-5-1。

表 3-5-1　绽放的制作任务通知单

作品范例	任务名称	选用原料
	绽放的制作	糖艺配件、土豆泥、果酱

(二)制订工作方案

(1)同学们查阅资料,根据所查资料,分组讨论并制订工作方案,填入工作方案设计表,每组推荐一名同学对本组制订的方案进行解读。工作方案设计表见附表1。

(2)学生对设计的工作方案进行自评和互评,教师进行点评,填写工作方案评价表。工作方案评价表见附表2。

(3)相关知识:糖艺类盘饰的概念。

93

糖艺类盘饰泛指在盘饰设计制作的过程中主要运用了糖艺工艺的这一类盘饰。而糖艺是指将砂糖、葡萄糖或饴糖等原料按照不同的比例组合后,经过熬制、拉糖等程序、步骤进行加工处理,制作出具有观赏性、可食性和艺术性的实物形象、抽象造型或装饰插件的制作工艺。运用糖艺制作的盘饰因色彩绚丽、质感剔透、三维效果清晰、视觉效果好的优势,现已被广泛应用于餐饮行业。

糖艺类盘饰的基本原则有以下几个方面。

①卫生安全原则:糖艺类盘饰是为菜肴服务的,菜肴的主要目的是食用,因此糖艺类盘饰在卫生方面要特别注意,不要使用非食用性原料,不能片面地追求艺术效果而忽视食品安全的问题。糖艺类盘饰制作时要保证作品的稳定性,注意重心下沉,不能头重脚轻,避免出现在上菜移动的过程中因为晃动而导致造型倒塌的事故。

②食用为主原则:糖艺类盘饰的主要目的是为了装饰和美化菜肴,但也不能单纯做摆设,要做到能够食用不浪费食材,既美观,又经济。应当杜绝唯形造形,因形伤质,继而降低菜肴食用性的菜肴装饰。

③经济快速原则:糖艺类盘饰的制作唯有方便快捷,才能适应快节奏的经营实践的需要,因此糖艺类盘饰的造型工艺要简单,不宜选择过于复杂花哨的大型糖艺作品。事实上往往这样复杂花哨的作品会喧宾夺主,达不到衬托菜肴主体的目的和作用。

④协调一致原则:糖艺类装饰物要与菜肴的色泽、内容、盛器协调一致,形成统一的风格。如盘饰造型与菜肴内容不符会给人一种突兀、不伦不类的感觉。

(三)实施工作方案

(1)绽放的制作步骤如图 3-5-1 所示,认真观察并回答下列问题。

①如图 3-5-1(a)所示,原料的选择有什么样的要求?

②如图 3-5-1(b)所示,配件摆放的位置有什么要求?

③如图 3-5-1(c)所示,造型的组装还可以有哪些变化?

④如图 3-5-1(d)所示,果酱画线条有什么要求?色彩如何搭配?

(a)原料准备　　　　　　　　(b)摆放配件

(c)组装　　　　　　　　(d)画线条、点缀

图 3-5-1　绽放的制作步骤

(e)装饰线条　　　　　　(f)成形

续图 3-5-1

⑤如图 3-5-1(e)所示,线条的装饰有什么作用?

⑥如图 3-5-1(f)所示,如何把握好整体的造型?

(2)教师讲解操作方法,并示范操作全过程。学生观摩,记录绽放制作的重点与难点。

(3)学生根据制订的工作方案,准备原料,结合老师的演示进行绽放的制作练习。

(四)成果评价

(1)自评。你制作的盘饰作品存在哪些不足,是什么原因导致的? 总结并提出提升盘饰作品质量的建议。填写盘饰制作工作任务质量报表。

(2)同学互评。在教师的指导下开展同学互评活动。

(3)教师点评。

(4)填写糖艺类盘饰制作的学习综合评价表。糖艺类盘饰制作的学习综合评价表见表 3-5-2。

(5)按照实训室"6S"管理要求,认真清理打扫工作现场,并将清理打扫过程中发现的问题记录下来,提出整改措施。

小贴士 25

表 3-5-2　糖艺类盘饰制作的学习综合评价表

评价形式	评价指标(每一项 10 分)	自评	组评	师评
过程性评价	学习准备情况(包括仪容仪表、工具准备等方面)			
	工作方案完成情况(包括工作方案的完整性,文字表达是否清楚,对方案的解读是否完整等)			
	参与实训、主动承担任务情况			
	参与展示并客观评价情况			
	操作规范、遵守实训室"6S"管理规定情况			
作品质量评价	外观造型美观			
	色彩搭配和谐			
	图案设计合理			
	作品层次分明、立体感强			
	盛器干净、无污渍			
总分合计	—			
备注	每一项 10 分,优秀为 9~10 分,良好为 8~8.9 分,合格为 6~7.9 分,不及格 6 分以下;总分=自评(30%)+组评(30%)+师评(40%)			

Note

二、浓情蜜意的制作

（一）接受任务

浓情蜜意的制作任务通知单见表 3-5-3。

表 3-5-3　浓情蜜意的制作任务通知单

作品范例	任务名称	选用原料
	浓情蜜意的制作	糖艺配件、糖艺花卉、果酱

（二）制订工作方案

（1）同学们查阅资料，根据所查资料，分组讨论并制订工作方案，填入工作方案设计表，每组推荐一名同学对本组制订的方案进行解读。工作方案设计表见附表 1。

（2）学生对设计的工作方案进行自评和互评，教师进行点评，填写工作方案评价表。工作方案评价表见附表 2。

（3）相关知识：糖艺类盘饰的构图要求。

①糖艺类盘饰的设计要突出主题、层次分明。构图要从整体出发，突出主题，分清主次。在层次的安排上，要具体而有条理，体现作品的层次感。

②糖艺类盘饰的构图造型要结合创作主题，体现作品的意境。

③糖艺类盘饰设计的构图造型要与器皿相配合，根据器皿的形状、色泽等因素来综合考虑。

④根据盛装菜肴的质感、口味、色彩及数量来进行构图造型。

（三）实施工作方案

（1）浓情蜜意的制作过程如图 3-5-2 所示，认真观察并回答下列问题。

①如图 3-5-2(a)所示，原料的选择有什么要求？

②如图 3-5-2(b)所示，糖艺配件是运用什么方法固定的？

③如图 3-5-2(c)所示，糖艺配件的组合还可以有哪些变化？

④如图 3-5-2(d)所示，花卉的摆放位置有什么要求？色彩如何搭配？

⑤如图 3-5-2(e)(f)所示，绿叶的安装和配件的摆放有什么要求？

⑥如图 3-5-2(g)所示，装饰果酱线条有什么作用？

⑦如图 3-5-2(h)所示，如何把握好盘饰作品的整体造型？

（2）教师讲解操作方法，并示范操作全过程。学生观摩，记录浓情蜜意制作的重点与难点。

（3）学生根据制订的工作方案，准备原料，结合老师的演示进行浓情蜜意的制作练习。

小贴士 26

Note

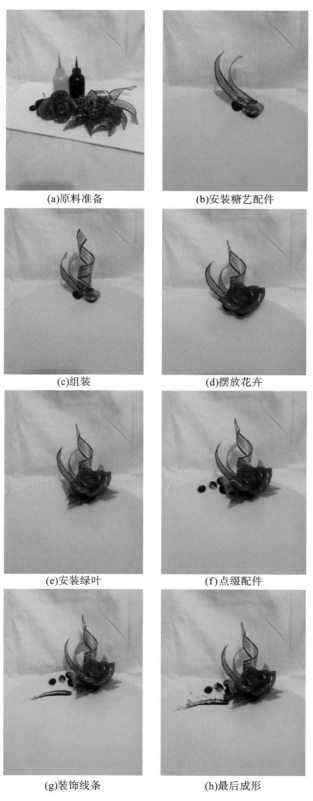

(a)原料准备　　　　　　　(b)安装糖艺配件

(c)组装　　　　　　　　　(d)摆放花卉

(e)安装绿叶　　　　　　　(f)点缀配件

(g)装饰线条　　　　　　　(h)最后成形

图 3-5-2　浓情蜜意的制作过程

（四）成果评价

（1）自评。你制作的盘饰作品存在哪些不足，是什么原因导致的？总结并提出提升盘饰作品质量的建议。填写盘饰制作工作任务质量报表。

（2）同学互评。在教师的指导下开展同学互评活动。

（3）教师点评。

（4）填写糖艺类盘饰制作的学习综合评价表。糖艺类盘饰制作的学习综合评价表见表 3-5-2。

（5）按照实训室"6S"管理要求，认真清理打扫工作现场，并将清理打扫过程中发现的问题记录下来，提出整改措施。

→ 技能拓展

一、糖艺类盘饰作品欣赏

糖艺类盘饰作品见图 3-5-3。

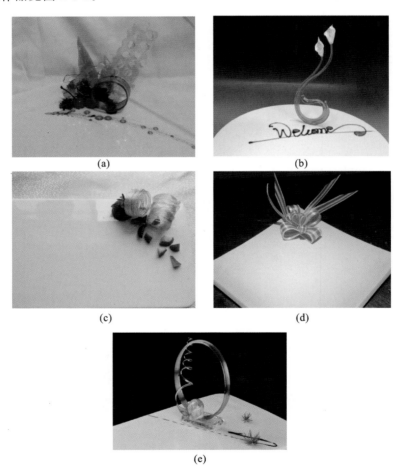

图 3-5-3　糖艺类盘饰作品

二、糖艺类盘饰设计与制作

根据本节所学内容设计并完成另一款糖艺类盘饰的制作。

学习活动 6　酱汁类盘饰制作

 学习目标

1.能够理解任务通知单的具体内容。
2.能够运用工具书、互联网等学习资源收集酱汁类盘饰制作的相关信息。
3.能够按照工作要求制订酱汁类盘饰制作的工作方案。
4.掌握酱汁类盘饰的制作方法与操作要领,以小组协作的形式完成酱汁类盘饰的拼摆。
5.展示制作的酱汁类盘饰作品,并对作品进行自评和互评。
6.能做好打荷岗位的开档准备和收档整理,正确保管盘饰制作工具、原料。
7.总结和反思学习过程,树立爱岗敬业的职业意识、安全意识、卫生意识。

建议学时:4
学时

 学习准备

工具设备:塑料砧板、片刀、雕刻刀、剪刀、酱汁瓶、土豆粉、竹签、抹布、多媒体设备、教学参考资料等。

 学习过程

一、绘画类酱汁盘饰的制作

(一)接受任务

梅花盘饰的制作任务通知单见表3-6-1。

表 3-6-1　梅花盘饰的制作任务通知单

盘饰制作范例	任务名称	选用原料
	梅花盘饰的制作	蚝油、黄色果酱、红色果酱

(二)制订工作方案

(1)同学们查阅资料,根据所查资料,分组讨论并制订工作方案,填入工作方案设计表,每组推荐一名同学对本组制订的方案进行解读。工作方案设计表见附表1。

(2)学生对设计的工作方案进行自评和互评,教师进行点评,填写工作方案评价表。工作方案评价表见附表2。

(3)相关知识:酱汁类盘饰的概念。

酱汁类盘饰是指运用各种盘饰工具将果酱及酱汁类材料通过一定的手法在餐具盘面上绘出不同图案造型的一类盘饰的统称。它可以用酱汁单独描绘成一个盘饰作品,也可与其他材料配合组成一个盘饰作品。酱汁类盘饰这种新式的菜肴装饰手法,拓展了菜肴美化的方式,让人们在品尝美味佳肴的同时得到一种高雅的艺术享受。

酱汁类盘饰的制作简单、方便快捷,取料范围广,像厨房平时常用的一些材料都可以用来进行制作,如老抽、巧克力酱、蚝油、番茄酱等,正是由于酱汁类盘饰的这些优势,目前在酒楼饭店得以广泛的推广运用。

(三)实施工作方案

(1)梅花盘饰的制作步骤如图 3-6-1 所示,认真观察并回答下列问题。

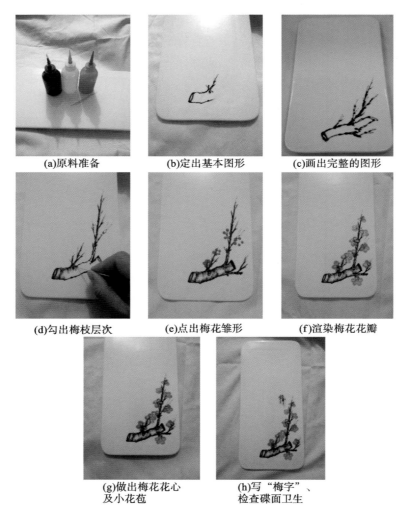

(a)原料准备　　　(b)定出基本图形　　　(c)画出完整的图形

(d)勾出梅枝层次　　　(e)点出梅花雏形　　　(f)渲染梅花花瓣

(g)做出梅花花心　　　(h)写"梅字"、
及小花苞　　　　　检查碟面卫生

图 3-6-1　梅花盘饰的制作步骤

①如图 3-6-1(a)所示,梅花盘饰对于操作手法及原料选择有什么要求?

②如图 3-6-1(b)所示,梅枝的形状描画有什么规律?

③如图 3-6-1(c)所示,梅枝造型特点是什么?

④如图 3-6-1(d)所示,梅枝构图的层次要如何体现?

⑤如图 3-6-1(e)所示,梅花的花瓣有什么样的形状要求?

⑥如图 3-6-1(f)所示,渲染梅花花瓣需要什么操作手法?

⑦如图 3-6-1(g)所示,小花苞的形状有什么要求?

小贴士 27

（2）教师讲解操作方法，并示范操作全过程。学生观摩，记录梅花制作的重点与难点。

（3）学生根据制订的工作方案，准备原料，结合老师的演示进行梅花的制作练习。

二、组合类酱汁盘饰的制作

（一）接受任务

迸发的制作任务通知单见表 3-6-2。

表 3-6-2　迸发的制作任务通知单

盘饰制作范例	任务名称	选用原料
	迸发的制作	散尾叶、柠檬、草莓、哈密瓜果酱、土豆泥、草莓果酱、巧克力酱

（二）制订工作方案

（1）同学们查阅资料，根据所查资料，分组讨论并制订工作方案，填入工作方案设计表，每组推荐一名同学对本组制订的方案进行解读。工作方案设计表见附表 1。

（2）学生对设计的工作方案进行自评和互评，教师进行点评，填写工作方案评价表。工作方案评价表见附表 2。

（3）相关知识：酱汁类盘饰的特点。

①操作简单，方便。不同的酱汁瓶内装不同颜色的果酱，制作时只需在盘边上快速地画上几笔即可。

②色彩鲜艳，图案灵活多变，装饰效果好。既可画抽象的现代感效果，也可画中式、古典、写意的效果，为美化菜肴和菜品出新扩展了空间。

③成本低廉，同果蔬雕刻类盘饰、糖艺类盘饰、花草类盘饰相比，酱汁类盘饰的成本优势显而易见。

④不受时间季节限制，一年四季都可操作。而果蔬雕刻类盘饰、糖艺类盘饰、花草类盘饰会受到时间季节的限制。

⑤节约空间，便于批量制作，便于保存，可放置很长时间，无干裂破损变形之忧。

（三）实施工作方案

（1）迸发的制作过程如图 3-6-2 所示，认真观察并回答下列问题。

①如图 3-6-2(a)所示，此酱汁盘饰对于操作手法及原料选择有什么要求？

②如图 3-6-2(b)所示，果酱涂画有什么规律？

③如图 3-6-2(c)所示，装饰的水果要如何进行刀工处理？

④如图 3-6-2(d)所示，装上的伞尾叶有什么造型要求？

⑤如图 3-6-2(e)所示，点上的果酱圆点要怎样操作才显圆润？

（2）教师讲解操作方法，并示范操作全过程。学生观摩，记录迸发制作的重点与难点。

（3）学生根据制订的工作方案，准备原料，结合老师的演示进行迸发的制作练习。

小贴士 28

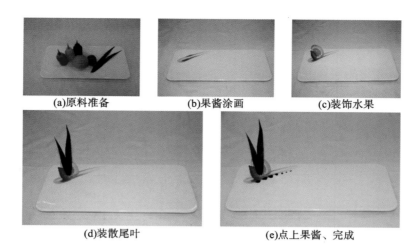

(a)原料准备　　　　(b)果酱涂画　　　　(c)装饰水果

(d)装散尾叶　　　　　　　(e)点上果酱、完成

图 3-6-2　迸发的制作过程

（四）成果评价

（1）自评。你制作的作品存在哪些不足，是什么原因导致的？总结并提出提升盘饰质量的建议。填写盘饰制作工作任务质量报表。

（2）同学互评。在教师的指导下开展同学互评活动。

（3）教师点评。

（4）填写酱汁类盘饰制作的学习综合评价表。酱汁类盘饰制作的学习综合评价表见表 3-6-3。

表 3-6-3　酱汁类盘饰制作的学习综合评价表

评价形式	评价指标（每一项 10 分）	自评	组评	师评
过程性评价	学习准备情况（包括仪容仪表、工具准备等方面）			
	工作方案完成情况（包括工作方案的完整性，文字表达是否清楚，对方案解读是否完整等）			
	参与实训、主动承担任务情况			
	参与展示并客观评价情况			
	操作规范、遵守实训室"6S"管理规定情况			
作品质量评价	外观造型美观			
	色彩搭配和谐			
	图案设计合理			
	作品层次分明、立体感强			
	盛器干净、无污渍			
总分合计	—			
备注	每一项 10 分，优秀为 9～10 分，良好为 8～8.9 分，合格为 6～7.9 分，不及格 6 分以下；总分＝自评（30%）＋组评（30%）＋师评（40%）			

（5）按照实训室"6S"管理要求，认真清理打扫工作现场，并将在清理打扫过程中发现的问题记录下来，提出整改措施。

→ 技能拓展

一、酱汁类盘饰作品欣赏

酱汁类盘饰作品见图 3-6-3。

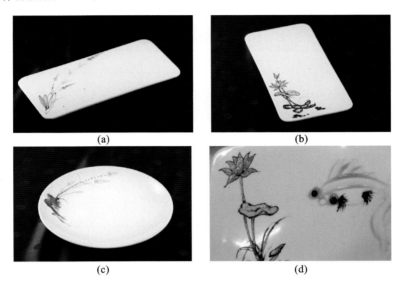

(a)　　　　　　　　　　　　(b)

(c)　　　　　　　　　　　　(d)

图 3-6-3　酱汁类盘饰作品

二、酱汁类盘饰设计与制作

根据本节所学内容设计并制作另一款酱汁类盘饰。

学习活动 7　巧克力类盘饰制作

→ 学习目标

1.能够理解任务通知单的具体内容。

2.能够运用工具书、互联网等学习资源收集巧克力类盘饰制作的相关信息。

3.能够按照工作要求制订巧克力类盘饰制作的工作方案。

4.掌握巧克力类盘饰的制作方法与操作要领,以小组协作的形式完成巧克力类盘饰的拼摆。

5.展示制作的巧克力类盘饰作品,并对作品进行自评和互评。

6.能做好打荷岗位的开档准备和收档整理,正确保管盘饰制作工具、原料。

7.总结和反思学习过程,树立爱岗敬业的职业意识、安全意识、卫生意识。

建议学时:4学时

→ 学习准备

工具设备:塑料砧板、片刀、雕刻刀、剪刀、酱汁瓶、土豆粉、竹签、抹布、多媒体设备、教学参考资料等。

学习过程

一、缠绵的制作

（一）接受任务

缠绵的制作任务通知单见表 3-7-1。

表 3-7-1　缠绵的制作任务通知单

盘饰制作范例	任务名称	选用原料
	缠绵的制作	巧克力片、松针、康乃馨、果酱

（二）制订工作方案

（1）同学们查阅资料，根据所查资料，分组讨论并制订工作方案，填入工作方案设计表，每组推荐一名同学对本组制订的方案进行解读。工作方案设计表见附表1。

（2）学生对设计的工作方案进行自评和互评，教师进行点评，填写工作方案评价表。工作方案评价表见附表2。

（3）相关知识：巧克力加工的步骤。

①切块：将大块纯正的巧克力原料切成小块的巧克力。巧克力没有必要切得很碎，切得太碎会使得巧克力在熔化时容易产生颗粒感。

②熔化：熔化巧克力的方式一般有两种，一种是使用巧克力恒温炉，这种设备可以使巧克力的温度始终保持在 38 ℃左右，浇模造型都非常方便，大多运用于食品工厂及专门的巧克力加工作坊；另一种采用巧克力双层锅，用隔水加热的方式将巧克力熔化。水温要始终保持在 50 ℃左右，否则巧克力容易产生细小颗粒物，影响巧克力质感；这里需要特别注意的是熔化巧克力的容器一定要干净，无油无水。

③降温：在巧克力熔化后，将盛装巧克力的容器拿到自然室温中搅拌，使加热熔化后的巧克力温度降至 30 ℃。巧克力降温不能太快，自然降温的巧克力口感会特别细腻。

④造型：巧克力的造型方法有灌模、铲花、捏花等，这是充分发挥厨师想象力和创造力的过程。灌模就是将降温后的巧克力均匀地倒入准备好的各种不同形状的模具中定型的方法。灌好模后，为了美观整洁，要用小刀将周围残留的巧克力清理干净。在操作的过程中尤其注意工具和模具上不能有水，一定要用干净干燥的工具操作。

（三）实施工作方案

（1）缠绵盘饰的制作步骤如图 3-7-1 所示，认真观察并回答下列问题。

①如图 3-7-1(a)所示，该盘饰对于原料选择有什么要求？

②如图 3-7-1(b)所示，对果酱线条有什么要求？挤底座如何操作？

③如图 3-7-1(c)所示，对装巧克力配件造型有什么要求？

④如图 3-7-1(d)所示，对花卉的选择有什么要求？

(a)原料准备　　　　　　　　(b)画线条、挤底座

(c)装配件　　　　　　　　(d)点出果酱圆点、装花卉

(e)装松针　　　　　　　　(f)撒松针装饰

图 3-7-1　缠绵盘饰的制作步骤

⑤如图 3-7-1(e)所示,松针可以用其他原料代替吗,为什么?

⑥如图 3-7-1(f)所示,撒松针装饰对盘饰而言有什么作用?

(2)教师讲解操作方法,并示范操作全过程。学生观摩,记录缠绵盘饰制作的重点与难点。

(3)学生根据制订的工作方案,准备原料,结合老师的演示进行缠绵盘饰的制作练习。

(四)成果评价

(1)自评。你制作的作品存在哪些不足,是什么原因导致的?总结并提出提升盘饰质量的建议。填写盘饰制作工作任务质量报表。

(2)同学互评。在教师的指导下开展同学互评活动。

(3)教师点评。

(4)填写巧克力类盘饰制作的学习综合评价表。巧克力类盘饰制作的学习综合评价表见表 3-7-2。

(5)按照实训室"6S"管理要求,认真清理打扫工作现场,并将在清理打扫过程中发现的问题记录下来,提出整改措施。

小贴士 29

表 3-7-2　巧克力类盘饰制作的学习综合评价表

评价形式	评价指标(每一项 10 分)	自评	组评	师评
过程性 评价	学习准备情况(包括仪容仪表、工具准备等方面)			
	工作方案完成情况(包括工作方案的完整性,文字表达是否清楚,对方案解读是否完整等)			
	参与实训、主动承担任务情况			
	参与展示并客观评价情况			
	操作规范、遵守实训室"6S"管理规定情况			

Note

续表

评价形式	评价指标(每一项 10 分)	自评	组评	师评
作品质量评价	外观造型美观			
	色彩搭配和谐			
	图案设计合理			
	作品层次分明、立体感强			
	盛器干净,无污渍			
总分合计	—			
备注	每一项 10 分,优秀为 9~10 分,良好为 8~8.9 分,合格为 6~7.9 分,不及格 6 分以下; 总分＝自评(30%)＋组评(30%)＋师评(40%)			

二、飘扬盘饰的制作

（一）接受任务

飘扬盘饰的制作任务通知单见表 3-7-3。

表 3-7-3　飘扬盘饰的制作任务通知单

盘饰制作范例	任务名称	选用原料
	飘扬盘饰的制作	巧克力配件、车厘子、法香、果酱、土豆泥

（二）制订工作方案

（1）同学们查阅资料,根据所查资料,分组讨论并制订工作方案,填入工作方案设计表,每组推荐一名同学对本组制订的方案进行解读。工作方案设计表见附表 1。

（2）学生对设计的工作方案进行自评和互评,教师进行点评,填写工作方案评价表。工作方案评价表见附表 2。

（3）相关知识:巧克力铲花的技巧。

巧克力铲花是巧克力制作中一项对手工要求很高的技艺,需要操作者不断地练习、总结才能有所提高,直至熟练掌握。初学者可以先从一些简单的花式入手,掌握一些基本的手法后再做新的演变发挥。

①巧克力铲花对操作的案台有较高的要求,冰冷的不锈钢台面会使处于液体状态的巧克力酱瞬间冷却凝结而影响操作,因此平时最常用的是保温效果好的大理石台面,色泽均匀、表面纹理细腻、无明显色差的大理石台面是制作巧克力铲花的最佳台面。

②巧克力铲花最好在室内有空调的环境中制作,室内温度保持在 28 ℃左右,这样巧克力酱能够维持一种比较好的状态,便于操作。在没有空调的环境下,要事先调整好大理石台面的表面温度,否则巧克力会凝结太快或不易凝结。在室温较低的情况下,一般可以采用热毛巾盖面的方法让台面升温,把干净的毛巾盖在大理石台面上,将热水浇在上面,反复几次后台面的温度就会上升,等台面温

热后便可以操作了。

③在操作前最好将巧克力酱倒在大理石台面上,刮平后用铲刀铲掉,再倒再铲,如此反复几次后再正式操作,这样做的目的是使大理石台面的温度达到一个稳定的水平。

④在操作时注意铲刀与台面的角度变化,不同的角度会得到效果不一的巧克力。

(三)实施工作方案

(1)飘扬盘饰的制作步骤如图 3-7-2 所示,认真观察并回答下列问题。

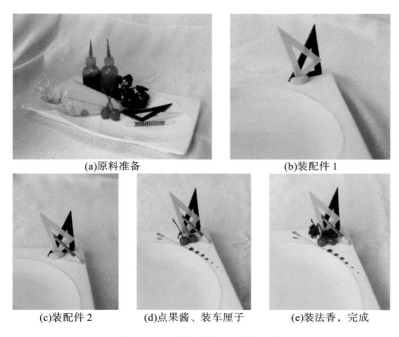

(a)原料准备　　　　　　　　　　(b)装配件 1

(c)装配件 2　　　(d)点果酱、装车厘子　　　(e)装法香,完成

图 3-7-2　飘扬盘饰的制作步骤

①如图 3-7-2(a)所示,此盘饰对于操作手法及原料选择有什么要求?

②如图 3-7-2(b)(c)所示,装配件时对造型有什么要求?

③如图 3-7-2(d)所示,装饰的水果要如何摆放? 果酱圆点要怎样操作才美观?

④如图 3-7-2(e)所示,装法香有什么具体要求?

(2)教师讲解操作方法,并示范操作全过程。学生观摩,记录飘扬盘饰制作的重点与难点。

(3)学生根据制订的工作方案,准备原料,结合老师的演示进行飘扬盘饰的制作练习。

(四)成果评价

(1)自评。你制作的作品存在哪些不足,是什么原因导致的? 总结并提出提升盘饰质量的建议。填写盘饰制作工作任务质量报表。

(2)同学互评。在教师的指导下开展同学互评活动。

(3)教师点评。

(4)填写巧克力类盘饰制作的学习综合评价表。巧克力类盘饰制作的学习综合评价表见表 3-7-2。

(5)按照实训室"6S"管理要求,认真清理打扫工作现场,并将在清理打扫过程中发现的问题记录下来,提出整改措施。

三、高山流水盘饰的制作

(一)接受任务

高山流水盘饰制作的任务通知单见表 3-7-4。

小贴士30

表 3-7-4　高山流水盘饰制作的任务通知单

盘饰制作范例	任务名称	选用原料
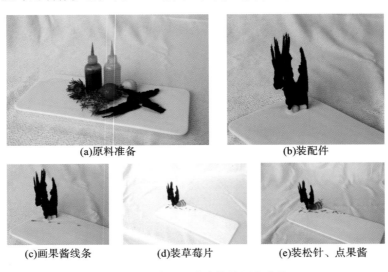	高山流水盘饰的制作	巧克力配件、草莓、松针、果酱、土豆泥

（二）制订工作方案

（1）同学们查阅资料，根据所查资料，分组讨论并制订工作方案，填入工作方案设计表，每组推荐一名同学对本组制订的方案进行解读。工作方案设计表见附表1。

（2）学生对设计的工作方案进行自评和互评，教师进行点评，填写工作方案评价表。工作方案评价表见附表2。

（3）相关知识：盘饰的色彩搭配。

色彩在盘饰的设计制作中占有极其重要的地位，是体现盘饰作品效果的主要因素之一，无论什么形式的盘饰作品，都必须考虑色彩的合理搭配。色彩有冷暖、明暗之分。在盘饰的设计制作中要充分运用好色彩的对比、调和等规律，搭配好各种盘饰原料的色调。在烹饪美学中，对比色彩有鲜红与翠绿、绛紫与黄、金黄与墨紫、茶褐与浅绿、酱红与浅绿等。在冷暖的对比中，选取色度相近、色相较弱的色彩原料进行搭配会产生一种轻松和谐的效果。

（三）实施工作方案

（1）高山流水盘饰的制作步骤如图 3-7-3 所示，认真观察并回答下列问题。

(a)原料准备　　(b)装配件

(c)画果酱线条　　(d)装草莓片　　(e)装松针、点果酱

图 3-7-3　高山流水盘饰的制作步骤

①如图 3-7-3（a）所示，此盘饰对于操作手法及原料选择有什么要求？

②如图 3-7-3（b）所示，装配件时对造型有什么要求？

③如图 3-7-3（c）所示，画果酱线条有什么要求？

④如图 3-7-3（d）所示，草莓片要如何摆放才美观？

⑤如图 3-7-3（e）所示，松针的组装有什么具体要求？

（2）教师讲解操作方法，并示范操作全过程。学生观摩，记录高山流水盘饰制作的重点与难点。

（3）学生根据制订的工作方案，准备原料，结合老师的演示进行高山流水盘饰的制作练习。

（四）成果评价

（1）自评。你制作的作品存在哪些不足，是什么原因导致的？总结并提出提升盘饰质量的建议。填写盘饰制作工作任务质量报表。

小贴士 31

（2）同学互评。在教师的指导下开展同学互评活动。

（3）教师点评。

（4）填写巧克力类盘饰制作的学习综合评价表。巧克力类盘饰制作的学习综合评价表见表 3-7-2。

（5）按照实训室"6S"管理要求，认真清理打扫工作现场，并将在清理打扫过程中发现的问题记录下来，提出整改措施。

 技能拓展

一、巧克力类盘饰作品欣赏

巧克力类盘饰作品见图 3-7-4。

(a)　　　　　　　　　　　(b)

(c)　　　　　　　　　　　(d)

图 3-7-4　巧克力类盘饰作品

二、巧克力类盘饰设计与制作

根据本节所学内容设计并完成另一款巧克力类盘饰。

学习活动 8　器物类盘饰制作

 学习目标

1. 能够理解任务通知单的具体内容。

2. 能够运用工具书、互联网等学习资源收集器物类盘饰制作的相关信息。

3.能够按照工作要求制订器物类盘饰制作的工作方案。

4.掌握器物类盘饰的制作方法与操作要领,以小组协作的方式完成器物类盘饰的拼摆。

5.展示制作的器物类盘饰作品,并对作品进行自评和互评。

6.做好打荷岗位的开档准备和收档整理,正确保管盘饰制作工具、原料。

7.总结和反思学习过程,树立爱岗敬业的职业意识、安全意识、卫生意识。

建议学时:4
学时

→ 学习准备

工具设备:各种盘饰用小物件、塑料砧板、片刀、雕刻刀、剪刀、酱汁瓶、土豆粉、竹签、抹布、多媒体设备、教学参考资料等。

→ 学习过程

一、品饮的制作

(一)接受任务

品饮制作的任务通知单见表 3-8-1。

表 3-8-1　品饮制作的任务通知单

盘饰制作范例	任务名称	选用原料
	品饮的制作	茶杯、茶杯垫、康乃馨、莲子、红豆、黄豆

(二)制订工作方案

(1)同学们查阅资料,根据所查资料,分组讨论并制订工作方案,填入工作方案设计表,每组推荐一名同学对本组制订的方案进行解读。工作方案设计表见附表 1。

(2)学生对设计的工作方案进行自评和互评,教师进行点评,填写工作方案评价表。工作方案评价表见附表 2。

(3)相关知识。

器物类盘饰是指运用一些小型的、精致的器物,如不锈钢餐具、玻璃器皿、陶瓷器皿、盘、碗、碟、摆件、手工制品等以一定的手法通过巧妙搭配,以达到装饰、美化菜肴效果的这一类盘饰。它最重要的是可以突出菜肴的主题,使菜肴更生动、更艺术。

制作器物类盘饰作品需要有制作盘饰的基础知识和熟悉菜肴特点,具备一定的艺术修养、操作手法及实战工作经验等。比如一道白灼海虾,摆上一件瓷质的儿童摆件,摆件呈现儿童玩耍的姿态,生动有趣,富有活力,呈现出热闹欢快的喜庆气氛;一款平淡无奇的酸甜排骨,摆上一个装饰好的小花瓶后,菜品瞬间就变得光彩夺目。别出心裁的器物装饰,再加上优雅的名称、独特的造型,可大大提高菜肴的价值,同时也能提高生活品位,增添生活情趣。

（三）实施工作方案

（1）品饮的制作步骤如图 3-8-1 所示，认真观察并回答下列问题。

(a)原料准备   (b)确定摆放位置

(c)拼摆康乃馨   (d)摆放整理

图 3-8-1 品饮的制作步骤

①如图 3-8-1(a)所示，此盘饰对于原料的选择有什么要求？

②如图 3-8-1(b)所示，器物摆放的位置如何确定？

③如图 3-8-1(c)所示，花卉如何进行搭配？

④如图 3-8-1(d)所示，整理时要注意哪些事项？

（2）教师讲解操作方法，并示范操作全过程。学生观摩，记录品饮制作的重点与难点。

（3）学生根据制订的工作方案，准备原料，结合老师的演示进行品饮的制作练习。

二、回味的制作

（一）接受任务

回味的制作任务通知单见表 3-8-2。

表 3-8-2 回味的制作任务通知单

盘饰制作范例	任务名称	选用原料
	回味的制作	中号红酒杯、花叶、康乃馨、满天星、橙子、果酱

（二）制订工作方案

（1）同学们查阅资料，根据所查资料，分组讨论并制订工作方案，填入工作方案设计表，每组推荐一名同学对本组制订的方案进行解读。工作方案设计表见附表1。

（2）学生对设计的工作方案进行自评和互评，教师进行点评，填写工作方案评价表。工作方案评价表见附表2。

（3）相关知识：盘饰用色是一种装饰性的色彩，必须按照色彩学的对比协调原理来进行，所以在色彩应用上往往采用以繁衬简或以简衬繁的手法，最忌大红大绿、主次不分。如果不顾色彩的性质和规律随意拼凑，会让人感觉俗不可耐。因此在色彩的实际运用上要遵循源于生活、高于生活的原则，以一色为主、众色为辅，做到主次分明。盘饰用色的搭配运用一般来说有以下几种方法。

①色相对比法：就是美术中的补色对比，补色即三原色红、黄、蓝中的其中两色，在烹饪美学中，产生色相对比效果的颜色有鲜红与翠绿、绛紫与黄、金黄与墨紫、茶褐与浅绿、酱红与浅绿等。

②调和对比法：在冷暖色的对比中，选取色度相近、色相较弱的色彩原料进行搭配，会产生一种轻松和谐的对比效果。

③黑白对比法：黑白对比是色彩对比中最基本的对比，能给人醒目和清晰感，因此被广泛运用在烹饪图案中。

（三）实施工作方案

（1）回味的制作步骤如图3-8-2所示，认真观察并回答下列问题。

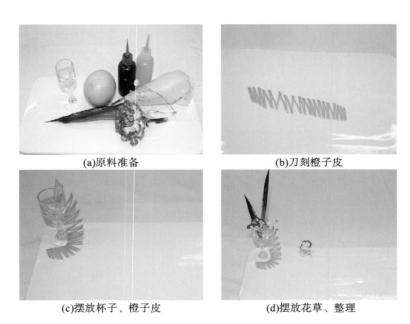

(a)原料准备　　　　　　　　　(b)刀刻橙子皮

(c)摆放杯子、橙子皮　　　　　(d)摆放花草、整理

图 3-8-2　回味的制作步骤

①如图3-8-2(a)所示，此盘饰对于原料器具选择有什么要求？

②如图3-8-2(b)所示，刀刻橙子皮如何才流畅？

③如图3-8-2(c)(d)所示，摆放时要注意哪些要素？

④如图3-8-2(d)所示，如何搭配色彩才协调？

（2）教师讲解操作方法，并示范操作全过程。学生观摩，记录盘饰回味制作的重点与难点。

（3）学生根据制订的工作方案，准备原料，结合老师的演示进行回味的制作练习。

（四）成果评价

（1）自评。你制作的作品存在哪些不足，是什么原因导致的？总结并提出提升盘饰质量的建议。填写盘饰制作工作任务质量报表。

小贴士 33

Note

（2）同学互评。在教师的指导下开展同学互评活动。

（3）教师点评。

（4）填写器物类盘饰制作的学习综合评价表。器物类盘饰制作的学习综合评价表见表 3-8-3。

表 3-8-3 器物类盘饰制作的学习综合评价表

评价形式	评价指标（每一项 10 分）	自评	组评	师评
过程性评价	学习准备情况（包括仪容仪表、工具准备等方面）			
	工作方案完成情况（包括工作方案是否完整性，文字表达是否清楚，对方案解读是否完整等）			
	参与实训、主动承担任务情况			
	参与展示并客观评价情况			
	操作规范、遵守实训室"6S"管理规定情况			
作品质量评价	外观造型美观			
	色彩搭配和谐			
	图案设计合理			
	作品层次分明、立体感强			
	盛器干净、无污渍			
总分合计	—			
备注	每一项 10 分，优秀为 9～10 分，良好为 8～8.9 分，合格为 6～7.9 分，不及格 6 分以下；总分＝自评（30%）＋组评（30%）＋师评（40%）			

（5）按照实训室"6S"管理要求，认真清理打扫工作现场，并将在清理打扫过程中发现的问题记录下来，提出整改措施。

→ 技能拓展

一、器物类盘饰作品欣赏

器物类盘饰作品见图 3-8-3。

(a)　　　　　　　　　　　(b)

图 3-8-3 器物类盘饰作品

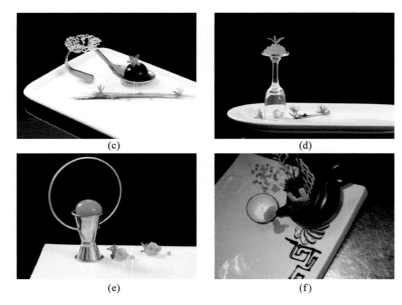

续图 3-8-3

二、器物类盘饰设计与制作

根据本节所学内容设计并制作另一款器物类盘饰。

学习活动 9　工作总结、成果展示、经验交流

建议学时:4
学时

→ 学习目标

1. 能正确规范地撰写工作总结。
2. 能运用不同的形式进行成果展示。
3. 能有效地进行工作反馈与经验交流。
4. 通过评价分析提高学生的综合职业能力。

→ 学习准备

相关课件、书面总结等。

→ 学习过程

1. 运用 PPT 课件等进行小组成果展示。
2. 工作任务分析、评价、总结。

→ 学习评价

盘饰制作学习活动过程评价自评表见表 3-9-1。

表 3-9-1 盘饰制作学习活动过程评价自评表

班级		姓名		性别		日期			
评价指标	评价要素				权重	等级评定			
						A	B	C	D
信息检索	能够有效利用网络资源、学习资料查找有效信息;能够使用自己的语言有条理地解释、表达所学知识;能把查找到的信息有效地应用到工作中				10%				
感知工作	是否熟悉工作岗位,认同工作责任;在工作中是否有成就感				10%				
参与意识	与教师、同学之间是否相互尊重、理解、平等;与同学之间是否能够保持多向、丰富、适宜的信息交流				10%				
学习方法	探究学习、自主学习不拘泥于形式,处理好合作学习和独立思考的关系,做到有效学习;能提出有意义的问题或能发表个人见解;能按要求准确操作;能够倾听、协作、分享				20%				
工作过程	工作计划、操作技能是否符合规范要求;是否获得了进一步发展的能力				15%				
思维状态	是否能够发现问题、提出问题、分析问题、解决问题				10%				
自评反馈	按时按量完成工作任务;较好地掌握了专业知识;具有较强的信息分析能力和理解能力;具有较为全面严谨的思维能力并能条理地表述成文				25%				
自评等级									
有益的经验和做法									
总结反思建议									

注:等级评定 A,好;B,较好;C,一般;D,有待提高。

盘饰制作学习活动过程评价互评表见表 3-9-2。

表 3-9-2　盘饰制作学习活动过程评价互评表

班级		姓名		性别		日期			
评价指标	评价要素				权重	等级评定			
						A	B	C	D
信息检索	对方是否能够有效利用网络资源、学习资料查找有效信息				5％				
	对方是否使用自己的语言有条理地解释、表达所学知识				5％				
	对方是否能把查找到的信息有效地应用到工作中				5％				
感知工作	对方是否熟悉工作岗位,认同工作责任				5％				
	对方在工作中是否有成就感				5％				
参与意识	对方与教师、同学之间是否相互尊重、理解、平等				5％				
	对方与同学之间是否能够保持多向、丰富、适宜的信息交流				5％				
	对方是否处理好合作学习和独立思考的关系,做到有效学习				5％				
	对方是否能提出有意义的问题或能发表个人见解				5％				
	对方是否能按要求准确操作;能够倾听、协作、分享				5％				
学习方法	对方的工作计划、操作技能是否符合规范要求				5％				
	对方是否获得了进一步发展的能力				5％				
工作过程	对方是否遵守管理规定,操作过程是否符合现场管理要求				5％				
	对方平时上课的出勤情况和工作完成情况				5％				
	对方是否善于多角度思考问题、能够主动发现问题、提出有价值的问题				5％				
思维状态	对方是否能够发现问题、提出问题、分析问题、解决问题				5％				
互评反馈	对方能否认真对待评价环节,并独立完成相关测试题				20％				
互评等级									
简要评述									

注:等级评定 A,好;B,较好;C,一般;D,有待提高。

盘饰制作学习活动过程教师评价表见表 3-9-3。

表 3-9-3　盘饰制作学习活动过程教师评价表

班级		姓名		学号		权重	评价
知识策略	知识吸收	能够设法记住要学习的东西				3%	
		使用多种手段,从网络、技术手册等收集到很多有效信息				3%	
	知识构建	自觉寻求不同工作任务之间的内在联系				3%	
	知识应用	将学习到的东西应用于解决实际问题				3%	
工作策略	兴趣取向	对课程本身感兴趣、熟悉自己的工作岗位、认同工作价值				3%	
	成就取向	学习的目的是获得高水平的成绩				3%	
	批判性思考	谈到或听到一个推论或结论时,会考虑到其他可能的答案				3%	
管理策略	自我管理	如不能理解学习内容,会设法找到其他相关资讯				3%	
	过程管理	正确回答老师的问题				3%	
		能进行有效学习				3%	
		能针对工作任务反复查找资料,编制有效工作计划				3%	
		在工作过程中留有研讨记录				3%	
		团队合作中,能主动承担并完成任务				3%	
	时间管理	有效组织学习时间和按时、按质完成工作任务				3%	
	结果管理	在学习过程中有满足、成功与喜悦等体验,对后续学习更有信心				3%	
		根据研讨内容,对讨论知识、步骤等进行合理的修改和应用				3%	
		课后积极有效地进行学习的自我反思,总结学习的长短之处				3%	
		规范撰写工作小结,能进行经验交流与工作反馈				3%	
过程状态	交往状态	与教师、同学之间交流语言得体、彬彬有礼				3%	
		与教师、同学之间保持多向、丰富、适宜的信息交流和合作				3%	
	思维状态	能用自己的语言有条理地解释、表述所学知识				3%	
		善于多角度思考问题,能主动提出有价值的问题				3%	
	情绪状态	能自我调控好学习情绪,能随着教学进程或解决问题的全过程而产生不同的情绪变化				3%	
	生成状态	能总结本次课堂学习内容,或提出深层次的问题				3%	
	组内合作过程	分工及任务目标明确,并能积极组织或参与小组工作				3%	
		积极参与小组讨论并能充分地表达自己的思想或意见				3%	
		能采取多种形式,展示本小组的工作成果,并进行交流反馈				3%	
		对其他组同学所提出的疑问能做到积极有效的解释				3%	
		认真听取其他小组的汇报发言,并能大胆地质疑、提出不同意见或更深层次的问题				3%	
	工作总结	规范撰写工作总结				3%	

续表

班级		姓名		学号		权重	评价
自评	综合评价	按照《盘饰制作学习活动过程评价自评表》认真对待自评				5%	
互评	综合评价	按照《盘饰制作学习活动过程评价互评表》认真对待互评				5%	
总评等级							
建议		评定人(签名): 年 月 日					

注:等级评定 A,好;B,较好;C,一般;D,有待提高。

 成果展示评价

一、展示评价

以组为单位,把个人制作的作品摆在台面,进行成果展示,并由各小组推荐代表对作品进行必要的介绍。在展示的过程中,以组为单位进行评价;评价结束后,根据其他小组对本组展示作品的评价意见进行归纳总结。盘饰制作主要评价项目见表3-9-4。

表 3-9-4 盘饰制作主要评价项目

评价指标	评价方式			评价结果
	自 评	互 评	师 评	
展示作品是否符合餐饮经营实际使用标准				
介绍作品时表达是否清晰				
展示作品的创新意识如何				
本次任务是否达到学习目标				

建议:

二、教师对展示作品分别做出评价

(1)优点或可取之处。

(2)不足及改进方法。

(3)任务总结。

三、综合评价

附 录

附表1 工作方案设计表（学生填写）

小组名称	
小组分工	
工作任务	
操作方法	
原　料	
制作流程	1. 2. 3. ……
成品特点	
技术关键	

附表2 工作方案评价表

项　目	自评	组评	师评
方案的完整性			
文字表达清楚			
语句通顺,对方案 解读完整			